로봇 비즈니스

RT가 세상을 바꾼다

김 광희 지음

미래와경영

책을 펴내며

우리들은 백화점이나 할인점 등에서 TV나 냉장고를 구입하듯 로봇을 구입하게 될 것이다.

지난 100년을 가리켜 "자동차의 시대"였다고 해도 과언은 아니다. 20세기초 개발된 포드자동차(Ford Motor)의 양산모델 T형이래 자동차산업은 다양한 변화과정을 거치며 발전해왔다. 오늘날 자동차산업만큼 규모나 경제에 미치는 파급효과를 가진 산업은 출현하지 않고 있다.

이런 가운데 많은 전문가들이 자동차산업과 견줄 수 있는 21세기 리딩산업(Leading Industry)의 하나로 로봇산업을 꼽는데 주저하지 않는다. 현대인들에게 있어 자동차가 없는 세상을 상상할 수 없듯 로봇 없이 살아가는 21세기란 존재하지 않는다. 세계적으로 저명한 기술 미래 학자 "제임스 캔턴(James Canton)"은 자신의 저서 「테크노퓨처(Technofutures), 1999」에서 '21세기 로봇의 10대 동향' 을 다음과 같이 설명하고 있다.

- 로봇은 기계적·전자적인 형태로 인간사회에 들어올 것이다.
- 로봇은 기능적인 감정과 추리작용을 표현할 것이다.
- 로봇이 진화한 앤드로이드(Android)는 인간의 모습을 닮게 될 것이고 상업, 공동체, 정부 분야에서 일할 것이다.
- 로봇의 효율성과 정밀성은 제조업, 의약, 우주여행, 연구, 산업분야의 혁신을 가져오고, 숙련된 인간의 노동을 대신할 것이다.
- 로봇산업은 수없이 많은 새로운 직종과 사업 기회를 창출하며, 수 십억 달러 규모의 세계적인 사업이 될 것이다.
- 인간은 초인적인 능력을 갖기 위해 로봇처럼 기능을 향상시키는 방법을 추구할 것이다.
- 반은 사람이고 반은 로봇인 사이보그(Cyborg)는 전문적인 작업에서 인간보다 월등한 능력을 갖게 될 것이다.
- 로봇의 등장으로 인간은 윤리, 보안, 사회분야에서 심각한 문제에 직면할 것이다.
- 로봇은 관리, 안전, 생산성을 제공하여 인간에게 각종 혜택을 주고 생활방식을 크게 바꿀 것이다.
- 앤드로이드는 초보적인 수준의 자기인식을 갖게 될 것이다.

　　그러면서 ‘캔턴’은 “로봇은 모자이크처럼 얽힌 인간의 문화에 통합되고 수용될 것이다. 로봇은 어린이를 보호하고, 범죄를 예방하고, 전쟁에 나가 싸우고, 수술을 집도할 것이다. 이 같은 임무는 사람이 하는 것보다 더 효율이 높고, 정밀하고 믿을 수 있을 것이다. 우리는 이런 새로운 종족에게 점점 더 기대하고, 요구하고, 의존하게 될 것이다. 로봇이 널리 보급되는 데는 원가 측면에서 인간의 노동보다 더 효율적이라는 사실도 주요 요인이 될 것이다” 고 지적하고 있다.

　　이제 로봇은 공상 과학만화나 소설 또는 「A.I.」와 같은 영화에서나 등장하는 상상 속의 존재가 아니다. 산업용 로봇시대를 벗어나 엔터테인먼트 로봇, 서비스 로봇 등과 같은 퍼스널 분야의 로봇과 직접·간접적으로 관련된 분야에서는 머지않아 엄청난 수요가 발생해 황금 알을 낳는 비즈니스로 급부상하게 될 것이다. 이에 따라 다양한 분야의 기업들이 그 기회를 창출하기 위해 과감히 시장에 뛰어들게 될 것이다.

　　그 뿐만이 아니다. 엔터테인먼트나 서비스 분야의 로봇에는 폭넓은 요소기술이 요구되고 있다. 이는 지금까지 로봇과 전혀 무관하였던 분야나 업종의 기업에게 까지 비즈니스 기회가 확대된다는 것을 의미한다.

　　본 서에서는 근래 포스트 PC의 주역으로 무선인터넷, 정보가전과 더불어 급부상하고 있는 “RT(Robot Technology) 및 그 관련 산업·비즈니스”에 초점을 맞추어 각종 선진 사례들과 테크놀러지를 체계적으로 소개한다. 독자들이 RT의 활용 방안과 전개 방향, 나아가 RT로 인해 펼쳐질 가정과 사회의 미래상을 이해하는데 도움이 되었으면 한다. 아울러 본 서는 결코 로봇 관련 전문 학술서가 아님을 밝혀둔다.

　　마지막으로 출판 기회를 주신 ‘미래와경영’의 조헌성 부장님을 비롯하여 직원 여러분들에게 진심으로 감사의 마음을 전하고 싶다. 그리고 바쁜 생활 가운데서도 가정과 교직 생활을 충실히 양립하고 있는 사랑하는 아내(연미)와 공유할 시간을 갖지 못해 항상 미안한 아들(대한)에게도 이 자리를 빌어 고마움을 전한다. 사랑한다.

2002년 5월

상리 14번지 연구실에서 김광희

제1부 RT 혁명

C·O·N·T·E·N·T·S

제2부 로봇의 실제

제3장 실용 작업 로봇 ········ 195

4장 청소 로봇 ·············· 241

제5장 엔터테인먼트 로봇 ···· 259

참고문헌 ···················· 285

RT 혁명 ①

1 로봇이란?

왜 RT인가?

RT = 생존

21세기를 이끌어갈 새로운 기간산업은 로봇산업(Robot Industry)이다. 또한 로봇산업의 근간을 지탱하게 될 RT(Robot Technology)는 다양한 분야에서 활약 가능한 테크놀러지이며, 해당 국가에도 엄청난 경제적 이익을 가져다주게 될 분야이다.

우리나라가 세계 유일의 강대국 미국과 기술대국 일본, 그리고 무한한 인적자원 보유국 중국과의 넛크랙커(Nutcracker) 구도에서 생존·번영하는 길은 RT와 그 관련 산업의 적극적인 개발과 활용뿐이다. 먼저, RT(로봇기술)와 로봇산업이 구체적으로 무엇을 가리키는지 짚고 넘어가자.

넓은 의미에서의 RT란, 18세기말 산업혁명을 기점으로 출발한 산업기술은 인간의 육체노동을 자유롭게 하였고, 20세기말 인터넷으로 대표되는 정보기술(IT)은 인간의 정신노동을 자유롭게 하였으며, 21세기 산업의 중추역할을 할 로봇기술은 인간의 육체와 정신노동 모두를 자유롭게 하는 기술이다. 좁게는, 로봇을 개발·제작하기 위한 기술과 더불어 그 관련 기술이 다른 부문에 접목되어 인간생활에 유용하게 활용되는 기술의 총칭이다. 그리고 로봇산업이란 RT로부터 새롭게 파생되거나 부가(관련)되는 모든 비즈니스를 가리킨다.

RT의 진화는 산업과 사회 나아가 인간의 사고마저 변혁시키는 엄청난 잠재력을 가지고 있다. 지금까지는 주로 생산현장에 산업용 로봇(Industrial robot)이 도입되면서 생산현장의 자동화(Automation)를 주도해 왔다. 그러나 앞으로 로봇은 "우주개발 로봇", "소방로봇", "발굴·탐사 로봇", "원자로용 로봇", "농공어업용 로봇", "의료용 마이크로 로봇", "경비 로봇", "간호 로봇", "서비스 로봇", "엔터테인먼트 로봇" 등과 같은 다양한 용도로 나뉘어 세분화될 것이다.

더불어 출생률 저하와 고령화 사회, 사회복지, 재해대책 등 현실적인 문제가 정치와 행정 이슈의 전면에 등장하면서 해당 정부나 지방자치단체 행정은 새로운 전기를 맞게 될 것이다. 이미 로봇의 필요성과 가능성에 시선이 모아지고 있다. 한편으로 주어진 과제 수행을 위해 로봇의 모습이 반드시 인간의 형태(휴먼형)일 필요는 없다. 좁고 한정된 공간에서 이루어지는 작업이라면 지렁이나 지네와 같

RT의 개념

산업기술	정보기술 (IT)
↓	↓
육체노동에서 해방	정신노동에서 해방

로봇기술 (RT)
↓
육체·정신노동에서 해방

은 벌레의 형태이거나, 험난한 미지 탐사가 목적이라면 거대한 캐터필러(Caterpillar)를 갖춘 전차 형태의 로봇이 요구되듯이 그 목적과 용도에 적합한 모습을 갖추면 그만이다.

근래 로봇은 생산현장이나 특수환경으로 부터 탈출하여 가사나 모니터링, 의료, 복지 등과 같은 우리들의 주거환경에 침투하려 몸부림치고 있다. 이런 측면에서 본다면 인간의 형태를 갖추고서 인간을 대신하여 각종 작업을 수행하는 휴먼형(Humanoid) 로봇이 더욱 안정적이며 편리할 지도 모른다. 기술적인 측면에서는 이미 선진국에서 2족(두 발) 직립보행이 가능한 휴먼형 로봇이 개발·시판되고 있을 만큼 진보한 상태다. 이제 휴먼형 로봇이라면 적어도 각종 센서를 토대로 외부상황을 파악하고 그것을 인공지능이 리얼타임으로 연산, 다음 행동을 예측할 수 있을 정도의 능력은 갖추어야 한다.

종래의 로봇은 사전에 프로그래밍된 행동계획을 충실히 수행하는 수동적 존재에 지나지 않았으나, 인공지능을 가진 고도의 휴먼형 로봇 등장은 사회환경과 가정생활을 엄청나게 변화시키게 될 것이다. 때문에 인간 삶의 질적 측면에서도 로봇의 출현 의의는 매우 크다고 보여진다. 텔레비전이나 냉장고와 같은 가전제품처럼 각 가정에 1대, 나아가 휴대전화와 같이 한 사람 당 1대 꼴로 퍼스널 로봇을

주요 산업별 2002년 세계 시장규모 비교

출전) Mitsubishi Research Institute.

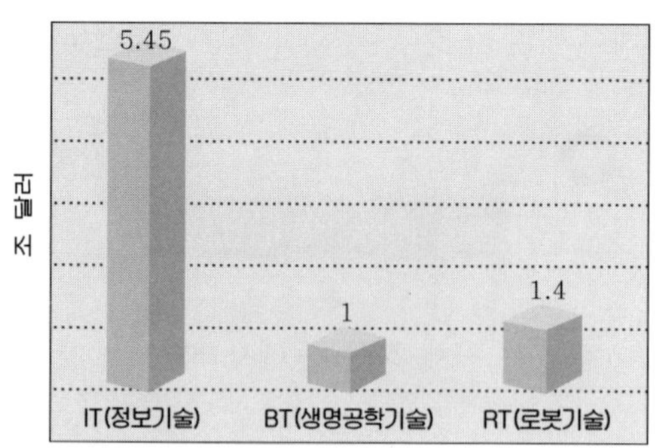

소유하는 시대가 조만간 도래하게 될 것이다. 결코 희망사항이 아니며, 미래의 정보단말은 모두 로봇이 될 가능성이 크다.

월드컵 우승팀 로봇

"2050년까지 월드컵 우승팀을 물리칠 수 있는 휴먼형 로봇을 개발하겠다"는 캐치프레이즈 아래 추진되고 있는 "로봇 컵"은 현재 전 세계 36개국 3,000명 이상이 참가하고 있다.

한마디로 명실상부한 로봇 월드컵이라 하겠다.

1997년 제1회 대회에서는 로봇이 볼을 인식하는데 있어서도 많은 곤란을 겪었으나, 이제는 그 볼을 놓치지 않을 만큼 빠른 속도로 진화하고 있다. 이러한 스피드라면 우승이 결코 꿈같은 얘기는 아니다.

라이트 형제가 최초 비행에 성공한 것은 1903년으로 그로부터 불과 50년이 경과한 1952년에는 제트기가 취항했고, 토끼가 떡방아를 짓던 달나라에 인간이 도달하기까지 66년이 걸렸다. 컴퓨터의 원형이 1946년에 탄생하여 1997년 체스 챔피언을 누르기까지 50년이 걸렸다.

이중나선(二重螺旋)의 DNA 구조가 발견되고 난 후 유전자 조작이 산업으로 이어지기까지 역시 반세기가 걸렸다. 향후 50년 동안 엄청난 변화가 인간을 기다리고 있으며, 그 중심에는 로봇이 자리잡고 있을 것이다.

실제로 축구경기에는 "영상인식, 적·아군의 식별, 분산·협조, 인공지능 등 로봇이 필요로 하는 모든 기술이 요구되고 있다.

한편으로 로봇과 인간과의 공생사회 도래는 장미 빛 미래만을 예고하지 않는다.

미래사회에서는 로봇을 소유하고 있는 사람과 그렇지 못한 사람(혹은 고성능 가격의 로봇을 소유하고 있는 사람과 그렇지 못한 사람)과의 사이에 어떠한 형태로던 격차가 발생될 가능성이 있다.

IT(정보기술) 부문에서 가장 큰 문제로 지적되고 있는 "정보의 격차가 부(富)의 격차로 이어진다"는 「디지털 디바이드(Digital Divide)」가 가까운 미래에는 「로봇 디바이드(Robot Divide)」로 제기될 가능성이 있다는 뜻이다.

이를테면, 소수 특권계층을 중심으로 자신이나 가족의 신체에 인공장기를 이식(수시로 교환), 머리(뇌)에는 초미세 인공지능 컴퓨터를 삽입함으로써 사이보그(Cyborg)가 되어 자신의 권력과 부를 영원히 향유하려 할 위험성이 그것이다.

어찌 보면 기우(杞憂)일수도 있으나, 오히려 그 해결책을 로봇에게서 찾게 될지도 모른다.

「AIBO」의 충격

🔲 비즈니스 잠재력

장난감 가격으로 선뜻 250만원을 지불할 소비자가 우리 주변에 얼마나 될까?

지난 1999년 6월, 장난감이라고 하기에는 터무니없이 고가인 로봇 강아지 「AIBO」(ERS-110)가 소니사(Sony社)로부터 개발·시판되었는데 25만엔(약 250만원)이라고 하는 판매가격에도 아랑곳하지 않고 불과 20분여만에 품절이 되는 해프닝이 벌어졌다.

그로부터 2001년 4월까지 누계 판매수는 95,000대에 달하고 있다. 그 누계 매출액은 200억엔(약 2,000억원)을 넘어 결코 비즈니스 규모가 적지 않음이 이로써 입증되었다.

어떻게 이처럼 고가의 장난감(?)이 인기를 얻고 있는 것일까? 나아가 이러한 AIBO로부터 발견할 수 있는 잠재 가능성은 무엇일까?

AIBO가 이처럼 폭발적인 인기를 얻은 배경에는 스트레스로 몸살을 앓고 있는 현대인들의 마음을 치유해주는 도구로 애완동물(Pet)의 역할이 어느 때보다 크다는 필요성에 기인한다. 그러나 일본의 주택사정에 비추어 본다면 애완동물을 기를 수 없는 사람들이 오히려 더 많다. 또 실제 애완동물의 경우, 그 주인은 먹이와 산보 등으로 자신의 시간과 수고를 기꺼이 감수해야 하는데, 유감스럽게도 여기에 투자할 만큼의 여유가 없는 것이 현대인들이기도 하다.

다시 말해, 낚시는 하고 싶지만 이를 위한 준비·이동시간 투자와 끈적거리는 지렁이를 낚시 밥으로 사용하면서까지 즐기기는 싫다는 의미로 해석할 수 있다. 이는 가상의 낚시 밥을 가지고 즐기는 버추얼(Virtual) 세계의 낚시게임이 많은 인기를 얻고 있는 사례로도 쉽사리 짐작이 간다.

강아지 로봇 「AIBO」 (2세대)

출전) http://www.aibo.com/

Side

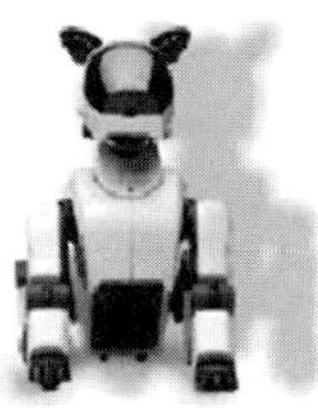

Front

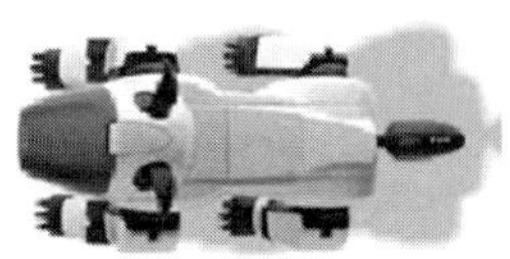

Top

성공 포인트

또한 AIBO에 지금까지의 장난감 기능을 훨씬 뛰어넘는 다채로운 기능과 애교가 추가됨으로써 이 「장난감」을 히트상품으로 자리매김 하는데 일조하였다. 어쩌면 소니의 개발 담당자가 지적하듯 "실용적인 로봇을 만드는 것은 아직 기술이 부족하지만, 장난감이라면 그다지 어렵지 않다"는 점이 성공의 비결일지도 모른다.

AIBO에는 걷거나 소리를 내거나 하는 등 지금까지 장난감이 가지고 있었던 단순한 동작만이 아니라 본능, 감정, 학습, 성장이라고 하는 생물과 동일한 기능이 프로그램되어 있다. 더욱이 사용자(User)가 같은 말을 걸어도 매번 동일한 동작을 하지 않는 등 그 움직임을 예상할 수 없다. 그로 인해 사용자는 매번 새로운 느낌으로 AIBO를 접하게 된다.

결국, AIBO는 모든 동작에 로봇으로서의 완벽함을 추구하지 않으면서도 장난감이라고 하는 또 다른 차원으로 제품화한 것이 비즈니스의 성공으로 이어진 것이다. 이는 기술이 어느 용도로 활용될 것인가는 아이디어에 따라 다르며, 유연한 사고능력이 한층 필요하다는 것을 AIBO는 증명하고 있는 셈이다.

로봇의 등장으로 인해 가장 바뀌는 것은 기술이 아니라, 사람의 마음일지도 모른다. 실제로 "컴퓨터는 효율성을 끊임없이 추구해 왔다. 그러나 AIBO는 하이테크 기술이 도입돼 있음에도 불구하고 인간에게 별다른 도움이 되지 않는 로봇을 지향하고 있다.

그 사고의 차이가 (AIBO로부터) 위안이나 공감을 불러일으키는 것은 아닐까"라는 AIBO 부문 책임자의 지적이 묘한 여운을 남긴다.

로봇의 정의

로봇 개념

현재 우리들이 사용하고 있는 가전제품에 정보 단말화가 이루어지면, 그러한 제품들의 조작 리모콘을 대신해 로봇이 인터페이스(Interface)로써 활용될 가능성이 높다. 또한 고령화 사회의 도래로 인해 음성인식을 통한 컨트롤이 가정 내에서 더욱 주목을 받게 될 것이다. 더욱이 휴먼형 로봇은 인간과 그 모습이 흡사하여 커뮤니케이션하기 쉬운 존재로 부각됨으로써 그 활동영역이 점차 확대될 것으로 점쳐진다. 이처럼 주거공간 내에서도 많은 기대감에 부풀어 있는 '로봇'에 관해 국내외 각종 기관 및 단체 그리고 사전 등은 어떻게 규정짓고 있는지 살펴보자.

1954년 "George C. Devol, Jr."이 출원한 「Programmed Article Transfer Device」라는 특허에서 "교시된 프로그램에 의해 기억된 업무 프로그램(Task Program)을 순차적으로 반복 실행하는 기계"를 로봇이라고 정의하였으며, 이 특허가 1961년 미국에서 인정받음으로써 최초의 산업용 로봇 특허(U.S. Robot Patent, No. 2,998,237)가 되었다.

1987년에 설립된 "국제로봇연맹(The International Federation of R-

obotics, http://www.ifr.org/)"이 규정하는 로봇(Service Robots)이란,
「A robot which operates semi or fully autonomously to perform services
useful to the well being of humans and equipment, excluding manufa-
cturing operations」[인간복지 및 시설(제조활동 제외)에 대해 유용한
서비스를 수행하기 위한 반자율 혹은 자율적으로 움직이는 로봇].
"미국로봇협회(Robot Institute of America, 1979)"의 경우는, 「A repr-
ogrammable, multifunctional manipulator designed to move material, p-
arts, tools, or specialized devices through various programmed motions
for the performance of a variety of tasks」(다양한 작업을 수행하게끔
사전에 입력된 여러 동작을 통하여 원재료나 도구, 특정 기구를 운
반하도록 제작된 다중 기능 및 재 프로그램 가능한 조작 장치)라고
정의했다. 영국산업부(British Department of Industry)는, 「…a
reprogrammable manipulator device…」(재 프로그램 가능한 조작장치)
라고 규정짓고 있다.

  다음으로 "일본로봇학회" 설립시[1990.12]의 "로봇(Robot)"과 "로
봇공학(Robotics)"의 정의를 살펴보면, 「ロボットとは，人間の手や足
などに類似した機構を有し，從來の技術では自動化が困難であった作
業を行動プログラムや人間の指令に從って實行する機械であり，ロボ
ット學はこのような機械の實現を目指す機術並びに技術基盤をなすも
のである」(로봇은 인간의 손이나 발 등과 흡사한 기구를 가지고 종
래의 기술로는 자동화가 곤란하였던 작업을 행동 프로그램과 인간
명령에 따라 실행하는 기계이며, 로봇학은 위와 같은 기계의 구현을
목표로 하는 기계 및 기술기반을 이루는 것이다).

  또한 일본 "경제산업성(http://www.meti.go.jp/)"이 규정짓는 로봇
이란, 「外部(內部)環境を關知し，收集された情報に基づき適當な物理
的動作を行う機械システム」(내・외부환경을 파악하고, 수집된 정보

에 근거하여 적당한 물리적 동작을 행하는 기계 시스템)이다.

그 범위는, 「로봇의 3요소라고 하는 "인지", "판단", "동작"의 3요소의 기능을 갖춘 것이라면 모든 것이 포함된다.

반드시 인간과 동물의 형상을 할 필요는 없으며, 고도의 영상인식과 인간에 가까운 판단, 복잡한 동작 등을 행할 필요도 없다」고 규정하고 있다. "웹스터 사전(Webster dictionary, 1993)"에 나오는 로봇의 개념은, 「An automatic device that performs functions normally ascribed to humans or a machine in the form of a human」(인간의 일을 대신하는 자동장치 또는 인간 모습의 기계)로 비춰지고 있다.

마지막으로 국내 "두산세계대백과 EnCyber"에서 정의하는 로봇은, 「인조인간(人造人間)이라고도 한다.

본래 사람의 모습을 한 인형 내부에 기계장치를 조립해 넣고, 손발과 그 밖의 부분을 본래의 사람과 마찬가지로 동작하는 자동인형을 가리켰다」고 되어있다.

유사 개념

한편으로 '로봇'이라는 용어 이외에 '앤드로이드' 및 '사이보그'라는 말도 유사한 의미로 각종 미디어에서 사용되고 있는데, 굳이 그 차이점을 설명한다면 다음과 같다.

◐ 앤드로이드(Android)

앤드로이드는 "인간을 닮은 것"이라는 의미의 그리스어에서 유래하고 있다. 외견상 인간과 전혀 구별할 수 없는 가공의 생물로 휴먼형(Humanoid) 기계나 복제인간이라 불리기도 한다. 한편으로 앤드로이드는 '로봇 중의 로봇'이라고도 표현할 수 있다.

앤드로이드 · 사이보그 · 로봇

구분	외모	시스템
앤드로이드	인간	기계
사이보그	인간	몸의 일부가 기계
로봇	인간, 동물 등	기능 부위가 기계

이상과 같이 로봇에 대한 다양한 정의가 존재하고 있으나, 그 발전 역사 때문인지 대부분이 산업용 로봇을 중심으로 정의가 내려지고 있다. 정리해 보면, 자동제어되며, 재 프로그래밍 가능하고, 여러 개의 자유도를 가지면서 다목적 조작기능을 가진 기계(Automatically controlled, reprogrammable, multi-purpose, manipulative machine with several degrees for freedom. ISO/TR8373 : 1988)를 로봇이라 부르고 있다.

오늘날 로봇이란, 산업용 로봇에 인간과의 공존을 목표로 개발되고 있는 퍼스널 로봇이 추가됨으로써 '작업기능', '센서기능', '인공지능'의 3요소를 고루 갖추고, 인간 및 동물과 흡사한 외관과 기능을 가진 기계를 가리키는 경우가 일반적 정의라 하겠다.

로봇의 역사

로봇의 어원

'로봇(Robot)'이라는 말은 1921년 체코슬로바키아(Czechoslovakia)의 극작가 "카렐 차펙(Karel Capek, "chop'ek"으로 발음, 1890~1938)"이 쓴 희곡 「롯섬의 만능로봇」(R.U.R., Rossum's Universal Robots) 속에서, 체코어(Czech)로 강제노동(Forced Labor)이나 노예(Serf)를 의미하는 "Robota"로부터 인조인간(人造人間)을 가리키는 로봇을 만들어 등장시킨 것이 그 유래이다.

차펙은 이 희곡에서 기술의 발달과 인간사회와의 관계에 대해 아주 비관적인 견해를 표출시키고 있다. 주인공인 '롯섬 부자'는 인공원형질(Artificial Protoplasm)을 연구하다가 모든 육체노동과 정신노동을 인간과 똑같이 할 수 있으나 인간적 정서나 영혼을 가지지 못하며, 마모되었을 때에는 폐품으로써 신품과 교환할 수 있는 일종의 인조인간을 연구·제작하여 판매하기에 이른다.

그러나 이 로봇들은 이용만 당하는 자신들의 위치를 자각하고 반항정신을 가지게 되면서 결국 인간을 멸망시키게 되는데, 그러한 스토리는 오늘날의 자동화(Automation)가 사회에 미치는 영향에 대한 하나의 상징적인 시각으로 당시 많은 주목을 받았다.

그 후 로봇이라는 말은 공상과학의 세계에서 "오토 맨(Auto Man)", "메카니컬 맨(Mechanical Man)", "앤드로이드(Android)", "인조인간", "사이보그(Cyborg)" 등으로 그 이름이 다양하게 불리기 시작했다.

한편으로 문학의 세계에서 등장하는 로봇이라는 개념은 기원전까지 거슬러 올라갈 수 있다. 기원전 3세기 그리스 신화 「아르고(Argo) 탐색선」에 나오는 청동거인 「탈로스(Talos)」가 유명하다.

출전) http://www.altavista.com/cgi-bin/

인공날개를 달아 하늘을 높이 날아 올랐으나, 그만 태양에 너무 가까이 근접하여 초가 녹아 바다에 추락한 이카루스(Icarus) 이야기는 그리스 신화 가운데서도 잘 알려진 이야기다. 그런데 그 이카루스의 아버지인 발명가 다이달로스(Daidalos)가 크레타(Crete) 섬의 미노스(Minos) 왕을 위해 제작한 보물을 지키는 사람이 바로 탈로스(미노스 왕이 제작)다.

탈로스는 크레타섬을 하루 3차례 순찰하라는 명령을 받았다. 따라서 수상한 배가 섬에 접근하면 탈로스는 주변에 있는 커다란 바위를 들어올려 배를 부셔버리거나, 자신의 몸을 빨갛게 달구어 상대방을 껴안아 죽였다고 한다. 탈로스는 전신이 청동으로 되어 있어 사실상 불사신이지만 약점이 한 가지 있다.

영웅 아킬레스의 건이 유일한 약점인 것처럼 탈로스의 발뒤꿈치 혈관은 얇은 막으로 덮여 있을 뿐이었다.

어느 날 크레타 섬에 배가 접근했을 때 탈로스는 바위를 들어올리려고 했다. 이 순간 그는 뾰족한 바위를 발뒤꿈치로 밟아 그만 얇은 막이 찢어져버렸다. 몸을 구성하고 있던 납이 밖으로 흘러나오므로써 탈로스의 몸은 순식간에 허물어졌다고 한다.

또 이것보다 더 오래된 세계 최고의 장편 서사시 호메로스(Homeros)의 「일리아스(Ilias)」(기원전 8세기)에 나오는 「황금의 미녀」도 로봇의 동료라고 할 수 있을지 모른다.

대장간의 신인 헤파이스토스(Hephaistos)의 시녀들로 모든 것이 인간과 흡사하였다고 전해지고 있다. 어쩌면 이것이 인류가 생각해낸 최초의 로봇 이미지일지도 모른다.

실제 사용

현재 자동차 공장이나 전자제품 공장 등 다양한 산업현장에서 활약하고 있는 산업용 로봇의 시제품(Prototype)은 1958년 미국의 컨솔리데이티드 컨트롤(Devol Consolidated Control Corporation)로부터 발표되었고, 실제로 사용된 로봇은 1961년 뉴저지(New Jersey) 트렌톤(Trenton)에 위치한 GM(General Motors)의 자동차 공장(Die-casting Factory)에서 사용된 「Unimate」이었다.

그 후 1970년대 후반 로봇의 양적인 확대기를 거쳐, 1980년대의 기술적 안정화를 달성하면서 오늘에 이르고 있다.

현재는 마이크로프로세서 및 반도체 기술의 발달로 고도의 지능을 갖춘 로봇의 연구개발과 그 실용화가 일진월보로 발전하고 있다.

산업현장에서 조립, 용접, 도장, 절단 작업과, 가정이나 사무실에서는 엔터테인먼트, 개호, 서비스, 의료, 모니터링 등 다양한 일을 수행하고 있으며, 장래는 건설, 토목, 농림어업, 해양탐사, 우주개발까지 그 응용범위는 크고 다양해 질 것이다.

산업혁명을 시발점으로 하는 20세기 문명은 인간에게 전쟁과 파괴라고 하는 부정적 이미지를 기계로부터 가졌으나, 21세기는 인간이 기계와 공생관계를 구축하는 새로운 시대가 될 것이다.

그 매개 역할의 중심에 로봇이 우뚝 서있다. RT혁명이 일어나면, 지금까지의 산업혁명이나 IT혁명 등은 하찮은 것이라는 것을 알게 될 것이다. 컴퓨터에 손과 다리가 붙어있는 것을 여러분은 상상해보라.

최초의 산업용 로봇 「Unimate」

출전) http://www.ite.his.se/

로봇공학 3원칙

로봇과 예술

'로봇'이라는 아이디어가 세상에 출현한 이래 80년이라는 세월이 흐르면서 이제 로봇은 인간과의 공생을 논할 만큼 친근한 존재가 되고 있다. 로봇과 인간과의 공생관계는 과학기술 분야는 물론이고 신세대의 예술에도 영향을 미치고 있다. 어디까지가 인간이며 또한 어디까지가 기계라고 부르면 좋을지 그 경계를 둘러싼 논쟁마저 벌어지고 있다. 일상생활 가운데 기술이 침투함으로써 예술적인 영감(Artistic Inspiration)이 때로는 지금까지와는 전혀 다른 최첨단 분야로부터 영향을 받기도 한다.

샌프란시스코의 영화감독 "제레미 솔터벡(Jeremy Solterbeck)"의 단편영화 「기계들이 움직이는 일러스트레이션」(Moving Illustrations of Machines)은, 스코틀랜드 "로슬린연구소(Roslin Institute)"에서 복제 양(洋) 「돌리(Dolly)」를 만들어 낸 "위안 윌멧(Ian Wilmut)" 박사로부터 촉발되어 제작된 것이다.

상영시간이 불과 10분에 지나지 않는 이 영화는 솔터벡 감독이 제작한 것으로 단순한 기계를 흑백의 동영상으로 관찰한 것이다. 영화

에서는 열차나 메두사형 로봇(사진) 등 점멸하는 빛과 어둠을 배경
으로 각종 기계가 급속도로 혹은 천천히 회전하는 모습이 비추어진
다.

출전) http://www.wired.com/news/

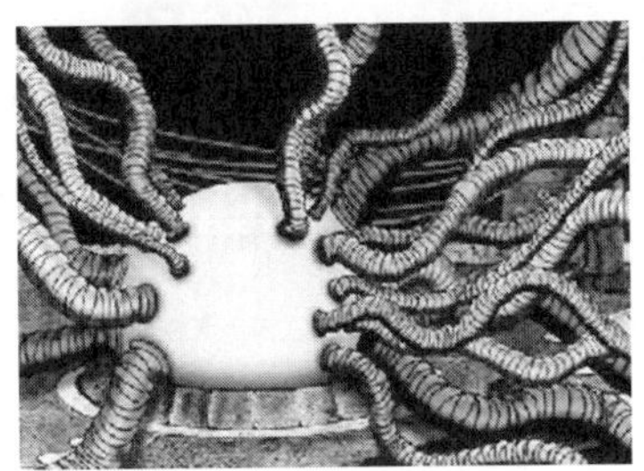

본래 음악 비디오를 제작하고 있던 솔터벡 감독이 물리학과 유전
학에 강한 매력을 느끼면서 현실감이 엷은 소재에 몰두하기 시작했
다고 한다. 솔터벡 감독은 "복제기술로부터 아이디어가 떠올랐다. 난
자를 기계로 조작할 수 있다면, 그 난자는 어느 정도까지 기계라고
말할 수 있을지, 그리고 기계의 정의는 뭔가 하는 점이다"고 혼란스
러워한다(Brad King, 2001.11.12).

로봇공학 3원칙

그리스 신화를 통해서도 살펴본 것과 같이 기계화된 장치의 아이
디어 자체는 이미 오래 전부터 존재하였다.

그러나 로봇(Robot)이라는 말은 앞서 설명한 체코슬로바키아의 극
작가 카렐 차펙(Karel Capek)이 1921년에 쓴 희곡(R.U.R.)에서 유래
하고 있다. 기계장치 노예들이 인간 주인에 대해서 반란을 일으킨다

고 하는 줄거리다. 그리고 "로봇공학(Robotics)"이라는 단어는 러시아 출생의 미국 공상과학 작가 "아이작 아시몹(Isaac Asimov, 1920~1992)"이 1942년 자신의 단편작품 「Run-around」에서 처음 사용하였다. 그는 인간사회에서의 로봇 역할에 대해 '차펙'보다 구체적이며 낙관적인 사고를 가진 인물이기도 하다.

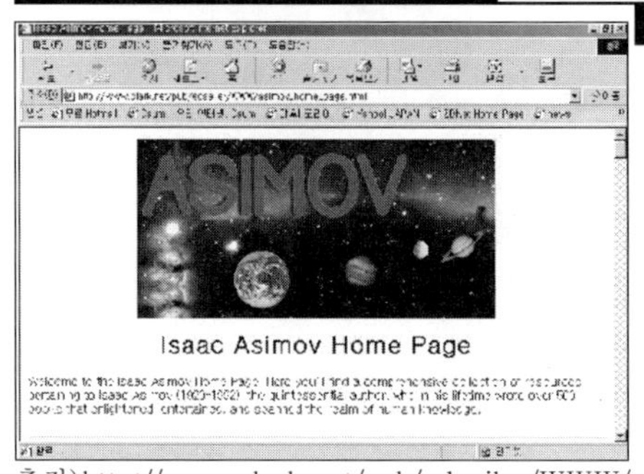

'아이작 아시몹'의 홈페이지

출전)http://www.clark.net/pub/edseiler/WWW/
asimov_home_page.html

SF 작가 「아이작 아시몹」

출전) http://www.altavista.com/

또 그는 자신의 단편소설 「I, Robot」(나는 로봇, 1950)에서 「로봇공학 3원칙(Laws of Robotics)」을 자세하게 해설하고 있다. 인간이 설계하는 기계는 인간에게 피해를 끼쳐서 안되고, 자기 자신도 보호해야 한다는 등이 주요 내용이다. 제로원칙(Law Zero)은 나중에 추가한 것이다. 그 원문을 살펴보기로 하자.

● 제0원칙

A robot may not injure humanity, or through inaction, allow humanity to come to harm (로봇은 인간을 상처 입혀서는 안 된다. 또 아무런 조치를 취하지 않아 인간이 피해를 입어서도 안 된다).

● 제1원칙

A robot may not injure a human being, or, through inaction, allow a human being to come to harm, unless this would violate a higher order law (로봇은 인간에게 상처를 주어서는 안 된다. 또 아무런 조치를 취하지 않아 인간이 피해를 입어서도 안 된다. 다만, 로봇공학 제0원칙에 어긋나는 경우는 예외로 한다).

❍ 제2원칙

A robot must obey orders given it by human beings, except where such orders would conflict with a higher order law (로봇은 인간의 명령에 따르지 않으면 안 된다. 다만, 로봇공학 제1원칙에 어긋나는 명령은 예외로 한다).

❍ 제3원칙

A robot must protect its own existence as long as such protection does not conflict with a higher order law (로봇은 스스로의 존재를 지키지 않으면 안 된다. 다만, 그것은 로봇공학 제2원칙에 위반하지 않는 경우에 한정한다).

50년 이전에 쓰여진 아시몹의 로봇공학 3원칙은 현재 고도의 지능로봇의 실용화를 위해 시급히 해결해야할 중요한 과제, 즉 「안전성」, 「범용성」, 「내구성」에 그대로 들어맞는 내용이라 하겠다. 그의 선견지명에 경의를 표한다.

급속한 기술진보와 더불어 로봇은 SF작가의 상상 세계로부터 어느 샌가 현실로 뛰쳐나왔다. "마크 포린(Mark Pauline)"이 설립한 「생존조사연구소」(Survival Research Laboratory)의 로봇 퍼포먼스 예술이나 컴퓨터 칩을 자신의 피부 속에 이식하여 그의 사무실(Office)과 정보를 주고받을 수 있도록 한 "케빈 워크(Kevin Warwick)" 등과 같이 다양한 시도가 이루어지고 있다.

그러나 캘리포니아대학 버클리교(University of California at Berkeley)의 로봇공학 전문가 "켄 골드버그(Ken Goldberg)" 교수는 이러한 인간과 기계의 융합(Melding)은 어떤 대가 지불 없이는 실현되지 않을 것이라고 지적한다. 과연 그 대가가 무엇인지 두렵기만 하다.

로봇의 각종 기능

지난해 시사 주간지 비즈니스위크(Business Week 2001.3.19)가 특집으로 다룬 로봇 기사로부터 휴먼형(인간형) 로봇이 갖추어야 할(또는 갖춘) 기능에는 어떤 것이 있는지 소개해 보자.

▶ 머리(Head)
Special-purpose chips process sensory data and link to main computer

▶ 눈(Eyes)
Video camera with zoom lens

▶ 입(Mouth)
Speaker for synthesized voice

▶ 컨트롤러(Controls)
- Fuel cell provides main source of power
- Primary computer
- Communications system for voice, Internet, and remote control

▶ 귀(Ears)
Stereo microphones detect the direction of sounds

▶ 빰(Cheeks)
Translucent metal skin changes hue to depict "emotions" — with color patterns generated by internal arrays of light-emitting diodes

▶ 배터리 팩 (Battery Pack)
Rechargeable backup power

▶ 모션 센서 패키지 (Motion-sensor Package)
- Accelerometer for gauging speed and maintaining balance

• Angular-Velocity sensor tracks twisting movements of the torso
• Infrared range finders measure distances

▶ **커뮤니케이션 패키지 (Communications Package)**
Internal for wireless communications

▶ **손과 발 센서 (Hand and Foot Sensors)**
• Pressure sensors measure grip
• Touch sensor interpret tactile impressions
• Temperature sensor
• Special-purpose chip process sensory data and link to main computer

▶ **모터 (Motors)**
Electric motors operate joints; androids typically need two-dozen or more motors, in various sizes, for fingers, wrists, ankles, elbows, and other joints

로봇의 각 기능

전제 조건

21세기 로봇

근래 로봇에 관한 기사나 이를 둘러싼 각종 토픽들을 자주 접하게 되었다.

이런 추세라면 10년 후에는 레스토랑이나 병원, 사무실 등지에서는 물론이고 일반 가정에서도 로봇을 간단히 접하게 될지도 모를 일이다. 적어도 21세기 중반까지는 농업부문이나 레저부문 그리고 산지, 해변 등 옥외에서도 로봇이 적극적으로 도입, 활약하게 될 것이다. 이러한 로봇의 특징은 한마디로 인간과의 공생을 전제로 하고 있다. 인간의 명령에 순종하고, 인간과 더 없이 원만한 우호관계를 가지며, 인간과 동일한 공간에서 활동하게 되는 것이다. 이것은 현재 산업현장 내에서 대량으로 활용되고 있는 산업용 로봇과는 성격이 근본적으로 다르다.

산업용 로봇은 사전에 철저히 프로그래밍된 원칙에 준하여 반복 활동을 계속하기 때문에 그 움직임을 방해하는 요소가 있으면 제대로 작동하지 않게 된다. 그에 반해 인간과 공생하게 될 로봇은 스스로 인간이나 주위 환경에 맞춘 활동을 하게 된다.

즉, 자율성과 친화성을 가진 로봇이라 하겠다. 자율기능에다 학습 기능이 갖추어지고 결국에는 '성장'으로까지 이어지게 되면, 그 기계가 바로 "21세기 로봇"이라 할 수 있을 것이다.

🔲 실용화의 걸림돌

인간에 대한 서비스나 노약자 간호, 커뮤니케이션의 장(場) 등을 중심으로 로봇에 대한 기대감과 요구가 높아가고 있다. 그러나 여전히 지적능력을 가진 로봇이 실제로 활용되고 있는 사례는 그다지 많지 않다. 지적 로봇 혹은 지능 로봇이 실제로 활용되지 못하는 주요 원인은 대체적으로 다음과 같은 제약 때문이다.

첫째로 현재 지능 로봇의 코스트 퍼포먼스(Cost Performance)가 대단히 나쁘다는 점이다. 즉, 여전히 비용에 걸 맞는 작업들을 수행할 수 없음에도 불구하고, 그 구입 비용이 매우 높다는 사실이다.

예를 들면, 애완동물 로봇 "AIBO(신형)"의 구매가격이 무려 180만 원에 상당한다. 그나마 완구 로봇이기에 이 가격에 판매 가능한 것이다. 솔직히 말해 장난감 로봇이 할 수 있는 실용적인 작업은 아무것도 없다. 다만 다채로운 움직임과 애교를 그 구매자인 주인에게 표현할 뿐이다. 가령 어떤 간단한 작업이라도 수행할 수 있는 지능 로봇을 제작하려 한다면, 그 가격은 단번에 AIBO 가격에 '0'이 하나 더 추가되어야 할 것이다. 그럼에도 불구하고 해당 로봇이 할 수 있는 동작이라야 극히 한정된 것들 뿐이다. 자율성 또한 매우 낮은 수준에 그치고 있다.

로봇이 실제로 활용되지 못하는 두 번째 이유는 신뢰성이 매우 낮다고 하는 점이다. 바꿔 말하면, 고도의 지능을 가지고 스스로 판단, 학습, 성장을 하게 될 경우 해당 로봇이 주인의 의도와는 상관없이 폭주할 위험성이 항상 내재되어 있다는 것이다.

지능 로봇은 각종 센서와 모터, 컴퓨터, 전자회로 등 수많은 요소 부품으로 구성되어 있다.

그러한 부품 하나 하나가 모두 정상적으로 작동할 때 비로소 로봇으로서 제 기능을 하게 되는 복잡한 시스템 기기다. 따라서 그처럼 복잡한 요소 부품 가운데 1개라도 상태가 불완전하면 본연의 기능을 하지 못 할 뿐만 아니라, 폭주의 위험마저 안게 된다. 장난감 로봇과는 달리 특정작업을 수행하는 지능 로봇은 아직까지 사용자가 안심하고 활용할 수 있는 수준에는 이르지 못하고 있다.

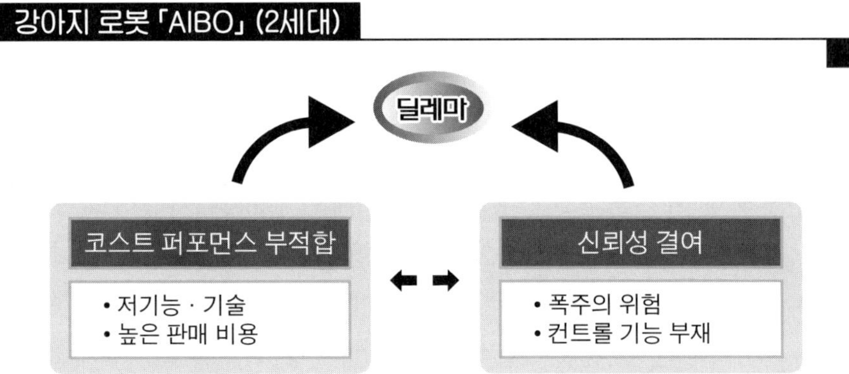

전제 조건

지능 로봇의 실용화 걸림돌을 제거하기 위해서는 먼저, 로봇의 '코스트 퍼포먼스(Cost Performance)' 문제를 어떻게 하던 풀어야 한다. 현재 지구상의 수많은 로봇 연구자들이 지능 로봇의 기능 향상을 목표로 심도있는 연구를 수행하고 있다.

실제로 과거 10년 동안 로봇의 기능 향상은 일진월보라 할만큼 빠른 스피드로 진행되어 왔다. 아직 불충분하긴 하지만 만약 로봇이 실제로 활용되게 된다면, 급속도로 그 기능이 향상되게 될 것이다. 다만, 코스트의 경우는 자동차 생산처럼 실제로 활용되어 대량생산이 이루어지지 않는 한 일반인들이 쉽게 접근할 수 있는 가격은 아닐 것이다.

다음으로 로봇의 '신뢰성'에 대해 살펴본다면, 로봇 연구자의 대부분이 신뢰성 향상에는 별다른 관심을 보이지 않고 있다는 점이다.

바꾸어 말하면, 로봇의 기능 향상에 관한 연구는 연구자들이 심혈을 기울일 수 있는 요소가 충분한데 반해, 신뢰성 향상 연구의 경우는 연구자들이 흥미를 가지고 과제를 수행할 인센티브가 적어 보인다(http://www.bureau.tohoku.ac.jp/).

이러한 상황들이 계속되는 한 지능 로봇이 실제 생활에 활용되는 시기는 조금 더 기다려야 할 것 같다. 하지만 낙담할 필요는 물론 없다. 조만간 전세계 기업들은 어떤 종류의 지능 로봇이 산업이나 퍼스널(Personal) 부문에 도입되기 쉬운 분야인지를 발굴하고, 이를 상용화하기 위해 부단한 노력을 게을리 하지 않을 것이다. 로봇산업은 이미 비즈니스 가능성과 잠재력을 인정받고 있기 때문이다.

나아가 다행스럽게도 로봇 연구자들이 로봇의 신뢰성 향상에 관한 연구 필요성을 느끼기 시작했다는 점이다. 지금까지 로봇기술을 둘러싼 연구개발은 고도의 기능에 초점이 맞추어져 왔으나, 로봇을 진정한 산업·정보기술 및 퍼스널 도구로 활용하기 위해서는 높은 신뢰성을 지닌 로봇기술의 확립이 무엇보다 중요하다.

세대별 수준

현재 우리들이 화제로 떠올리고 있는 로봇의 미래를 가장 설득력 있게 전망한 사람은 미국 카네기 멜론대학 로봇공학연구소(Carnegie Mellon Univ. Robotics Institute)의 "한스 모라벡(Hans P. Moravec)" 박사다. 그에 따르면, 20세기 로봇은 곤충 수준의 지능을 갖고 있지만, 21세기에는 10년마다 세대가 바뀔 정도로 지능이 향상된다고 지적한다. 즉, 2010년까지 1세대, 2020년까지 2세대, 2030년까지 3세대, 2040년까지 4세대 로봇이 개발된다는 것이다.

'모라벡' 과 그의 저서(Mind Children)

출전) http://www.frc.ri.cmu.edu/

◗ 1세대 로봇

1세대 로봇은 동물로 표현하면 도마뱀 수준의 지능을 가진다. 크기와 모양은 사람을 닮고 다리는 2개에서 6개까지 사용이 가능하다. 평평한 지면뿐만 아니라 계단을 돌아다닐 수 있으며, 가정에서는 목욕탕 청소를 하거나 잔디를 손질한다. 테러범이 숨겨놓은 폭탄을 찾아내는 일도 무난히 수행한다.

◗ 2세대 로봇

2020년까지 나타날 2세대 로봇은 1세대보다 성능이 30배나 뛰어나며 생쥐 수준의 지능을 가진다. 1세대와 다른 점은 스스로 학습하는 능력을 갖고 있다는 점이다. 주위 환경의 변화에 따라 자율적으로 적응하는 능력을 가진다는 의미다.

◐ 3세대 로봇

3세대 로봇은 원숭이 정도의 지능을 가진다. 어떤 행동을 취하기 전에 스스로 생각하는 능력을 가지게 된다. 가령 부엌에서 요리할 때 2세대는 팔꿈치를 식탁에 부딪친 후 그에 대한 대책을 세우지만, 3세대 로봇은 사전에 장애물과의 충돌을 회피하는 방법을 궁리한다.

◐ 4세대 로봇

오는 2040년까지 개발될 4세대 로봇은 지난 20세기 로봇보다 성능이 100만 배 이상 뛰어나고, 3세대보다 30배나 뛰어나다. 지구상에서 현재 원숭이보다 머리가 좋은 동물은 다름 아닌 인간이다. 다시 말해, 인간처럼 스스로 생각할 줄 아는 로봇의 탄생을 의미한다.

일단 4세대 로봇이 출현하면 놀라운 속도로 인간의 능력을 추월하기 시작할 것이다. 모라벡에 따르면, 2050년 이후 지구의 주인은 인류에서 로봇으로 바뀌게 된다고 한다. 이 로봇은 소프트웨어로 만든 인류의 정신적 유산, 즉 지식, 문화, 가치관을 모두 물려받게 되므로 계승자라 할 수 있다. 모라벡은 이러한 로봇을 마음의 아이들(Mind Children)이라고 부른다. 혹자는 현생 인류인 호모사피엔스에 빗대어 지혜를 가진 로봇, 즉 '로보 사피엔스'라는 새로운 종이 머지 않아 지구상에 출현할 것이라고 예상하고 있다(동아일보, 2001.10.4).

로봇의 세대별 수준

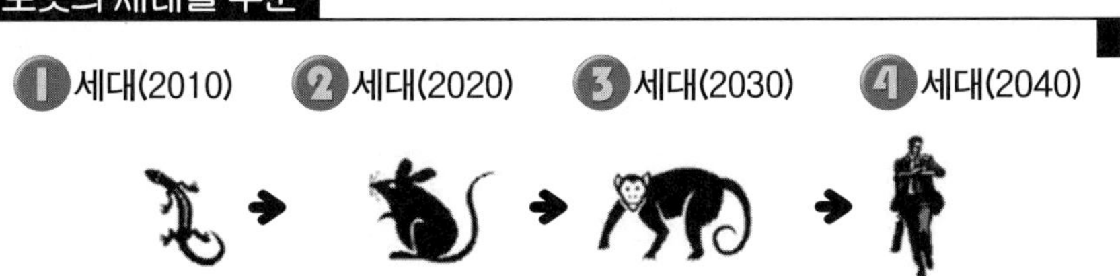

R&D 과제

🔲 코스트 퍼포먼스

현재 G7 등을 중심으로 세계 각지에서는 지능 로봇을 둘러싼 수많은 연구들이 진행되고 있으며, 그 역사 또한 30여 년이나 경과되고 있으나 어떻게 된 일인지 실용화된 사례가 거의 없다.

로봇이 일상생활에서 실용화되지 못하는 이유는 이미 위에서 지적한 바와 같이 코스트 퍼포먼스(Cost Performance)의 문제가 가장 큰 걸림돌이다.

세부적으로 정리해보면 다음과 같다.

- 지능 로봇에게는 인간이라는 강력한 라이벌이 이미 시장에 존재하고 있다. 다시 말해, 임시 노동자를 고용하게 되면 로봇과 비교되지 않을 정도로 저렴하면서도 고도의 작업이 가능하다.

- 강력한 라이벌인 인간의 존재 때문에 출범 초기의 저기능·기술 상태의 로봇이 급속히 시장에 도입될 가능성은 크지 않다.

- 로봇 시장이 형성되지 않음으로서 대량 생산이 불가능해져 규모의 경제성을 향유하기가 곤란하다.

- 로봇 출범 초기에 기대되는 작업이나 역할이 자동차의 운반(이동)이나 컴퓨터의 고속 연산과 같은 단일 기능이 아니라, 여전히 기술적으로 불충분함에도 다양한 작업 기능을 요구한다.
- 흥미나 신기능 도입 위주로 로봇 연구가 이루어져 실용성이 중시된 연구개발이 도외시되어 왔다.

따라서 향후 로봇에 관한 연구개발은 실용화를 보다 강하게 의식한 연구가 이루어져야 하고 그와 더불어 코스트 퍼포먼스를 해결할 수 있는 연구에도 타깃이 맞추어져야 할 것이다.

여기에다 안전성과 신뢰성 향상을 위한 연구 역시 소홀히 해서는 안 된다.

코스트 퍼포먼스의 문제

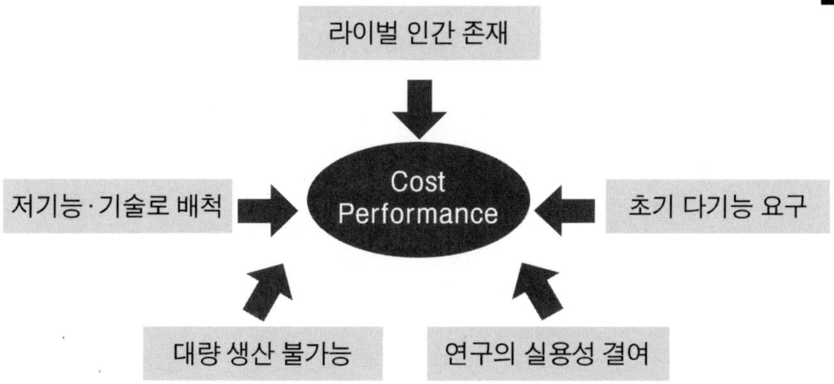

R&D 방식

일본 도호쿠대학(東北大學)의 로봇 전문가 "나카노 에이지(中野榮二)" 교수는 새로운 로봇의 연구개발 방식을 위해 다음과 같은 제안을 하고 있다.

◐ 국가는 로봇 프로젝트를 세우지 말라

- 국가가 세우는 프로젝트는 로봇의 경우 타깃이 너무 멀리 설정되는 경향이 있다.
- 국가가 세우게 되면 또다시 불필요한 다수의 연구논문과 활용되지 않는 시작품 등을 산출할 뿐이다.
- 국가예산으로 인건비를 조달하게되면, 기업은 비록 실용성과는 거리가 멀지라도 프로젝트에 참가하게 되어 실용화에 도움이 되지 않는다.
- 성과에 대한 평가가 분명하지 않기 때문에 참가자의 정열을 이끌어내기가 어렵다.

◐ 국가는 기업 혹은 산학 공동으로 이미 시작된 프로젝트 가운데 연구 개발비를 부가한다

- 기업이나 대학은 공적자금을 목표로 연구개발을 하지 말라. 이유는 위에 이미 언급하였다.
- 대학은 연구개발 노력의 절반 이상을 실용화를 최종 목표로 하는 연구 테마에 배정해야 한다.
- 대학이나 기업도 '실용화 가능성이 높거나' 혹은 '실용화가 필요한' 테마를 중점적으로 선택해 공동 프로젝트를 실시한다.
- 대학 연구실이나 기업은 해당 테마에 각각 300만엔(약 3,000만원) 이상 출자한다. 즉, 자기 돈을 출자함으로써 실용화에 정력을 쏟도록 한다.
- 1,000~2,000만엔(약 1~2억원) 이상 모여진 테마에 대해 연구개발을 시작한다.

국가는 다르지만 앞으로 우리나라의 로봇 연구개발 촉진시 정부나 대학 그리고 해당 연구기관들이 깊이 새겨들어야 할 주장인 듯 싶다. 로봇 연구개발에 있어 풀어야 할 기술적인 과제로는, "저가의 액츄에이트(Actuator, 작동장치) 기구", "원활한 컨트롤러(제어장치)", "견고하고 저렴한 센서", "장시간 구동가능한 전원공급 시스템(배터리)"등을 들 수 있겠다.

출전) http://www.human-media.or.jp/

기반 기술 분야		첨단 로봇의 중점 연구 과제
자율성	자율제어	• 환경이해, 행동의 계획·제어·관리, 불완전 데이터 처리 • 상식의 부여, 에러 만회 • 하이브리드 아키텍처(A.I. 등)
	자기 조직화(학습)	• 인식판단 학습, 지식획득 • 기능(Skill) 학습
	고도의 신뢰	• 행동로봇 시스템의 높은 신뢰
	물리적 자율성	• 자기 보호
	에너지 자립	• 에너지 내장, 에너지 획득
지 적 커뮤니 케이션	대(對) 오퍼레이터	• 자연언어 • 인공 현실감, 가상환경 • 이동 메시지 통신, 멀티 미디어 통신
	대 오퍼레이터 이외의 인간	• 복수 대화자의 음성인식, 긴급 시의 음성인식 • 표정·상태의 비접촉 계획
	휴먼 에러 대응	• 상식을 통해 지시 전에 처리, 휴먼 에러의 처리
	대 로봇 등	• 지적 로봇 간의 통신, 로봇 간의 협조
기능성	운동계	• 섬세한 자유도, 구조변경 가능한 팔 등 • 2족 보행, 마이크로 로코모션(Locomotion), 공중이동 • 많은 자유도, 인공근육, 새로운 원리 • 동적 운동 제어, 새로운 제어이론, 기능의 실현
	감각계	• 망막형 시각 센서, 후각·미각·바이오 센서 • 3차원적 자세 변화 검출 센서 • 감각 결합화 • 센서, 액츄에이터 일체화 4기술
	내(耐)환경계	• 내(耐)진공
	범용화	• 범용 모듈, 지능 로봇 커널(Kernel)
	안전성	• 유연성, 장애물 회피

신기술과 접목

나노기술

    나노기술(Nano Technology)이란 나노미터(nm)의 스케일로 원자 및 분자를 조작·제어하거나, 물질의 구조와 배열을 제어함으로써 나노 크기 특유의 물질 특성 등을 이용하여 새로운 기능과 특성을 규명케 하는 과학기술의 총칭이다. 즉, 나노미터 범위($10^{-9} \sim 10^{-7}$m) 크기인 원자 및 분자 수준에서 물질의 현상을 규명해 새로운 특성을 갖는 소재 및 소자 시스템을 창출하는 것이다.

    원래 나노란, 난쟁이란 의미의 그리스어에서 유래되었다.

    1나노미터(10^{-9}m)는 머리카락 두께(0.1mm)의 약 10만 분의 1에 상당한다. "지구 : 동전 = 동전 : 나노"로 표현할 정도다. 이는 나노 세계가 얼마나 작은지 단적으로 설명하는 공식이기도 하다.

    지구를 압축시켜 지름을 동전 만한 크기로 만들었다면, 그 동전을 다시 동일한 정도의 힘으로 압축시켜야 원자 3~4개를 합쳐놓은 크기인 1나노미터가 된다.

    이 나노기술을 사용하면, 앞으로 손바닥 사이즈의 슈퍼컴퓨터, 종이 한 장 두께의 얇은 디스플레이, 인공장기나 체내에 들어가 다양

한 병을 고치는 초미세 의료 로봇 등이 실현될 수 있다. 응용분야는
로봇, IT와 바이오·의약품, 자동차, 소재 등 광범위하며, 자원절약과
고부가가치가 요구되는 21세기 산업의 혁신기술이라 하겠다.

하나의 원자에 하나의 정보를 기록 할 수 있게 되면, 각설탕 1개
정도의 크기에 단행본으로 계산해 1경(京, 1조의 1만배)권 분량의
정보를 기록할 수 있는 소재다. 또 미국 의회도서관의 모든 정보를
담을 수 있는 기술이기도 하다.

원자의 가공 사례

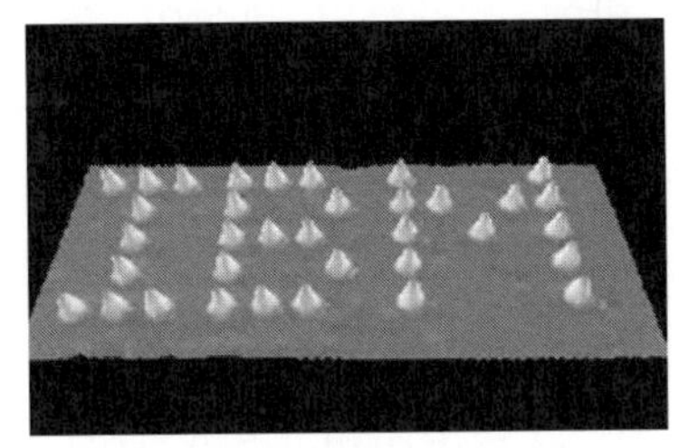

이러한 초소형화의 개념을 처음 세상에 내놓은 사람은 지난 1965
년 노벨 물리학상 수상자인 미국의 "리처드 P 파인만(Richard P.
Feynman)" 박사였다. 1959년 미국 물리학회 모임 강연(There is
Plenty of Room at the Bottom)에서 원자 하나 하나의 수준에서 물질,
소자, 기계를 배열하는 것이 언젠가는 가능하다는 것을 시사하였다.

과학계서는 이를 아인슈타인(Albert Einstein) 이후 최고의 물리학
자가 한 역사적인 예언이라고도 부른다. 1981년 IBM의 연구자에 의
해 STM(Scanning Tunneling Microscope)이라 불리는 '주사형(走査
型)터널현미경'이 개발되었다.

이 STM과 더불어 주목을 받은 것이 원자 레벨의 가공기술이다.
이것은 STM의 탐침(探針, Probe)을 마치 조각칼과 같이 사용하여

탐침 끝의 전압으로 물질표면의 원자를 끌어당기거나 떼어놓거나 하는 것이다. 실제 1990년에는 35개의 원자 하나 하나를 움직여 'IBM'이라는 글씨를 배열함으로써 파인만의 통찰력을 입증하였다 (사진 참조). 이것은 약 300km 상공의 우주 궤도에서 로봇의 팔로 지표에 있는 깨알을 조작하는 것과 맞먹을 정도로 고정밀 기술이다. 실로 상상을 뛰어넘는 기술이라 하겠다.

나노기술의 접목

앞으로 나노 소자개발에 성공하면 세상이 완전히 바뀌게 된다. 즉, "컴퓨터가 사라진다"고 한다. 초절전·초고속의 포켓형 초미니 슈퍼 컴퓨터, 어느 제품에나 삽입이 가능한 '유비쿼터스(Ubiquitous) 컴퓨터', 인식과 추론이 가능한 로봇, 외국어 자동번역기 개발 등으로 사회 인프라스트럭처가 바뀌게 된다는 것이다.

한마디로 나노기술은 융합적이며 종합적인 선도기술이라 할 수 있다. 통신 시스템, 자동차, 가전제품, 환경, 생명과학, 재료공학, 방위 산업, 의학 등 산업 전반에 걸쳐 막대한 파급효과를 기대할 수 있다는 것을 의미하며, 앞으로 나노기술 없이는 컴퓨터 혁명이나 바이오 혁명은 물론이고 RT 혁명 역시 기대할 수 없다.

카본 나노 튜브

출전) NEC (http://www.nikkei4946.com)

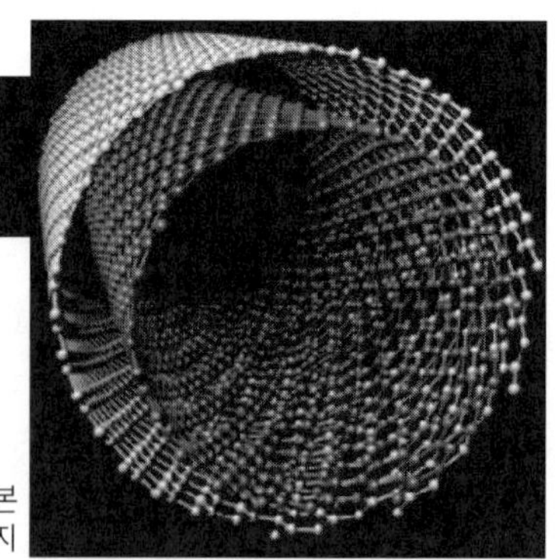

나노기술을 구사하여 만든 카본
나노 튜브의 모델 이미지

가령, 심한 재해를 입은 지역이 있다고 하자.

구호용 헬리콥터를 이용해 해당 지역에 머리카락 굵기보다 더 작은 분자조립 로봇 수 백 억개가 공수된다. 이 로봇들은 마치 벽돌을 쌓듯 원자와 분자를 조립한다. 일시에 주택과 부엌, 화장실 등 생활에 필요한 모든 시설과 장치를 갖춘 최첨단 텐트주택을 만들어 재해 주민들이 불편 없이 사용할 수 있도록 한다. 생명을 유지하는데 필요한 빵 등 음식도 곧바로 만들어준다.

위와 같은 공상들이 터무니없는 얘기로 다가오지만, 이는 SF소설 속에나 등장하는 스토리가 아니다. 나노기술의 중요성과 미래사회에 미칠 영향 등을 예측한 "에릭 드레슬러(Eric Drexler)"외 2인이 펴낸 책 「나노 테크노피아(번역서, 원저 명은 Unbounding the Future : The Nanotechnology Revolution), 1991」에 나오는 내용 가운데 일부다.

이미 미국은 국가전략을 세워 개발을 본격화하고 있으며, 일본과 유럽도 중점분야로 지정되어 개발에 힘을 쏟고 있다. 나노의 세계 시장은 2010년 기준으로 약 3,000억 달러까지 성장할 것으로 전망되고 있다.

주요 국의 NT 현황

출전) 日本經濟新聞, 2001.12.14

국가	내 용
미국	2000년에 "국가 나노 테크놀러지 전략(NINI)"를 수립. 미연방예산에서 우선 항목으로 분류
EU	2003년부터 3년간 13억 유로(약 1조 3,000억원)를 나노 테크놀러지 분야에 투자
독일	1998년에 교육, 연구부가 6개 테마로 네트워크형의 연구조직을 발족
영국	2000년에 공학 · 자연과학연구회의가 5개의 나노 테크놀러지 네트워크를 창설
프랑스	1999년에 과학기술위원회가 5가지 우선 분야 가운데 하나로 분류함
중국	중국과학원에 나노 테크놀러지센터를 설치

나노기술의 효용

1946년 개발된 최초의 컴퓨터 '에니악(Eniac)'은 한 번 전원을 연결하면 주변 필라델피아 지역의 전기가 전부 정지될 정도였다. 속도는 현재 PC의 80만 분의 1에 불과하였으나 그 덩치는 엄청났다.

이제 반도체 기술의 발달로 컴퓨터는 손안에 들어올 정도로 소형화되었으나, 현재와 같은 기술로는 곧 한계점에 이르게 된다. 4~5년 후면 반도체를 더 이상 미세화하는 것이 불가능하기 때문이다.

나노기술은 이러한 문제점을 해결하는 구세주가 될 것이다. 기존의 반도체는 수 천 개의 전자가 이동함으로써 작동한다.

하지만 나노기술을 이용하면 원자나 전자 하나 하나에 정보를 저장하고 재생하는 것이 가능하다.

이처럼 사이즈가 작아지면 에너지 효율이 증가하게 된다. 원자나 전자는 움직이고 작동하는데 에너지가 거의 소비되지 않기 때문이다. 다시 말해, 오늘날 우리가 어떤 제품을 만드는 방식은 원자를 대량으로 움직이는 것이다.

그러나 나노기술은 원자 하나 하나까지 상세 설계도에 따라 움직일 수 있게 되므로 물질의 구조를 완벽하게 컨트롤할 수 있다.

참고로, 나노기술 등을 표현할 때 흔히 '백만 분의 1mm'로 하는 경우가 있는데, 길이 단위는 본래 'm(미터)'가 기준이기 때문에 'mm(밀리미터)' 표기로 하면 1/1,000이므로 백만 분의 1이 된다.

원래 의미대로 표현하면, 10억 분의 1m가 1nm(나노미터)이다. 혼동하지 않도록 주의해야 한다. 참고로 백경(百京)이라고 하면 상상이 잘되지 않는데, 일(一), 십(十), 백(百), 천(千), 만(萬), 억(億), 조(兆), 경(京), 해(垓)로 이어진다.

앞으로 산업의 모든 분야에서 나노기술을 빼고 발전과 진화를 논의 할 수 있는 분야는 그리 많지 않을 것 같다.

이러한 나노기술(NT)이 로봇기술(RT)과 제대로 접목된다면 그 폭발력은 인류의 상상을 간단히 뛰어넘을 것이다.

나노 세계를 알 수 있는 각 단위

10^{12}	T	Tera	일조	1,000,000,000,000
10^{9}	G	Giga	십억	1,000,000,000
10^{6}	M	Mega	백만	1,000,000
10^{3}	k	Kilo	일천	1,000
10^{2}	h	Hecto	일백	100
10^{1}	da	Deca	십	10
10^{0}				
10^{-1}	d	Deci	십 분의 1	0.1
10^{-2}	c	Centi	백 분의 1	0.01
10^{-3}	m	Milli	천 분의 1	0.001
10^{-6}	μ	Micro	백만 분의 1	0.000001
10^{-9}	**n**	**Nano**	**십억 분의 1**	**0.000000001**
10^{-12}	p	Pico	일조 분의 1	0.000000000001
10^{-15}	f	Femto	천조 분의 1	0.000000000000001
10^{-18}	a	Atto	백경 분의 1	0.000000000000000001

올해의 발명

시사 주간지 「타임」(http://www.time.com)이 선정한 "2001 올해의 발명 (2001 Inventions of the Year)" 가운데 당당히 들어있는 로봇 3가지를 소개해보자

▶ 미니 자율 로봇 「MARV Jr.」

파이프 속에 들어가 화학물질이 누출되고 있는지 여부를 살펴보고 또한 도어 밑으로 가만히 기어 들어가 침입자를 조사할 만큼 소형인 로봇을 상상해 보라.

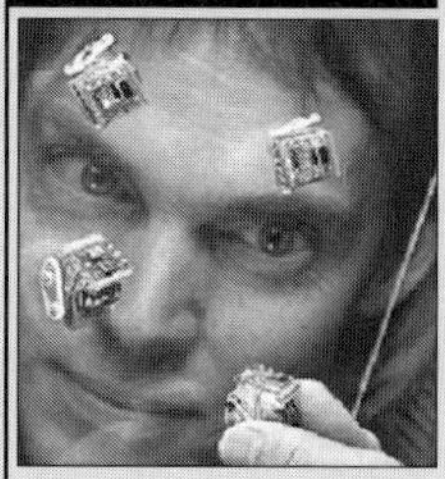

출전) http://www.time.com/

"산디아 국립연구소(Sandia National Labor- atories)"의 연구자들이 이런 일들을 실제로 수행할 차세대 미니 자율 로봇 자동차(Mini Autonomous Robot Vehicle)를 개발했다. 체리보다 작으면서도 시계 배터리 3개로 움직이는 「마브 주니어(MARV Jr.)」는 가느다란 라텍스 벌룬(Latex Balloons)으로 만들어진 맞춤형 트랙 위에서 1분에 약 50cm를 달릴 수 있다.

앞으로 소형 카메라와 소형 마이크, 소형 화학물질 탐지기가 부착된 제품도 개발될 예정이라고 한다. 이용 가능한 시기는 2006년이며, 그 가격은 500달러 정도를 예상하고 있다(상세 정보는 「http://www.sandia.gov/isrc/」를 참조).

▶ 모니터링 로봇 「Coworker」

그녀는 결코 지각하는 일은 물론이고 불평 역시 하지 않는다. 게다가 귀엽기까지 하다. 모니터링 로봇 「Coworker」는 신장이 약 90cm로 펜티엄급 수준의 로봇이며 1시간에 약 1,600m를 달릴 수 있다.

출전) http://www.time.com/

음파탐지기를 사용하기 때문에 장애물이나 사람과 부딪치거나 하는 일도 없다. 목은 회전이 가능하고 상하로 움직일 수 있으며, 그 위쪽에는 디지털 카메라가 장착되어 있다.

이 디지털 카메라를 통해 멀리 떨어진 생산라인과 건설현장, 특별보안지역의 모습을 촬영하여, 사용자(Boss)에게 무선으로 직접 전송할 수도 있다. 현재로서는 확정적이지 않으나 계획 중에 있는 가정용 버전은 유모나 가정부를 모니터링할 것으로 보여진다.

실생활에 활용 가능한 시기는 2002년 중이며, Coworker에 관한 보다 구체적인 정보는 「http://www.irobot.com/」을 참조하면 된다.

▶ 달팽이 킬러 「SlugBot」

크고 끈적끈적한 달팽이가 상추 잎을 갉아먹거나 토마토에 구멍을 뚫어놓는 일은 정원을 가꾸는 사람들에게 있어 악몽과도 같을 것이다.

출전) http://www.time.com/

"캘리포니아 기술연구소(California Institute of Technology)"의 컴퓨터 과학자 "이안 켈리(Ian Kelly)"는 이처럼 성가신 달팽이를 잡기 위한 로봇 「SlugBot」을 개발하였다.

이 로봇은 달팽이를 발견하고 제거할 뿐 아니라, 잡은 달팽이로부터 동력을 얻기 때문에 별도의 동력원 즉, 배터리도 필요 없다. 좀더 자세히 살펴보면, 잔디 깎기 만한 이 기계는 긴 팔을 갖고 땅바닥에 적색광선을 비추어 반질반질한 달팽이를 찾아 그 모양을 분석한다.

해당 물체가 달팽이라는 것이 확인되면 이것을 집어 올려 기계 안으로 집어넣는다. 이론적으로는 로봇 안에 있는 박테리아가 달팽이를 섭취하고 이 과정에서 전기를 생성, 로봇의 배터리는 계속 충전되게 된다.

'켈리'에 따르면, 달팽이 식별 검색 시스템은 완벽하지만, 이 SlugBot을 시장에 출시하는데는 몇 년이 더 걸릴 것이라고 말한다. 이는 잡은 달팽이를 사용 가능한 에너지로 전환하는 작업이 매우 어려운 문제이기 때문이다. 실험실 테스트에서는 작은 생물을 연료전지로 사용하는데 성공하였으나, 이 방법을 실제로 달팽이에게 적용하는 것은 그리 쉬운 문제가 아니기 때문이다.

실제 활용 가능한 시기는 2004년 정도로 잡고 있으며, 이 SlugBot에 관한 보다 상세한 정보는 「http://www.micro.caltech.edu/」를 참고하면 된다.

아울러 본서 제Ⅱ부의 '실용 작업 로봇'에서 자세히 다루고 있다.

② 로봇산업의 이해

비즈니스 기회

◈ 표준화 경쟁

RT는 향후 1세기 동안 가장 각광받게 될 미래기술 가운데 하나로 현재 엄청난 기대를 모으고 있으며, 전혀 생각지도 못한 미지의 분야나 생활 공간 그리고 우주, 재해, 탐색, 수중·해양, 메인테넌스 등에서 로봇은 주어진 역할을 수행하게 될 것이다. 또한 이로 인한 사회변화와 인간의 인식변화는 로봇에 대한 새로운 니즈(Needs) 창출로 이어지게 될 것이다.

고령화 사회의 급속한 도래로 인해 고령자가 고령자를 돌보는 시대가 눈앞에 닥치고 있다. 여기에 발 맞추어 복지 로봇이나 의료 로봇, 교육 로봇 등 다채로운 분야에서 그 기대감이 높아가고 있으며, IT, BT, NT 등과 더불어 어깨를 나란히 하는 새로운 산업으로 주목을 받기 시작했다.

나아가 현재는 로봇을 통하여 즐거움과 위안을 찾는 애완동물 형태의 로봇이 시장에서 각광받고 있으나, 향후는 인공지능(Artifical Intelligence)을 탑재함으로써 그 가능성이 더욱 확대되게 될 것이다. 그리고 자동차와 같이 가까운 장래 한 가구에 1대씩 나아가 한 사람 당 1대의 로봇을 소유하는 시대가 도래하게 될 것이다. 과거 대량생산 시스템의 지주였던 로봇은 지금 그 활약 장소를 보다 넓고, 보다 크고, 보다 깊은 분야로까지 확대되고 있다.

두 발로 움직이는 2족 보행 로봇과 애완동물 로봇처럼 개인용으로 쓰여질 퍼스널 로봇은 폭넓은 요소기술이 요구되고 있다. 뒤집어 얘기하면, 지금까지 로봇과는 전혀 무관하였던 업종이나 분야로까지 비즈니스 기회가 확대, 재편된다는 것을 가리킨다. 이는 새로운 시장과 기업이 형성, 출현한다는 것을 의미하기도 한다.

유선형태의 컴퓨터(PC) 및 정보단말이 근거리 무선규격 "무선 LAN", "블루투스(Bluetooth)" 등 새로운 기술을 탄생시켜 그 관련 부품산업과 서비스 시장을 확대시키고 있듯, 조만간 로봇을 둘러싼 부품산업과 애프터서비스(A/S) 시장육성도 기대할 수 있어 시장은 또 다른 분수령을 맞이하게 될 것이다.

또 IT분야에서 그러했듯 로봇 전용부품이나 기능을 둘러싼 전세계 로봇 관련 메이커의 표준화 경쟁(Defacto Standard) 역시 치열할 것으로 예상된다.

🧊 고령화 사회

유엔(UN)은 고령인구 비율이 7%면 '고령화 사회', 14%면 '고령 사회', 20%면 '초고령 사회'로 분류하고 있는데, 우리나라의 경우 전체 인구에서 65세 이상 고령인구가 차지하는 비중이 지난 2000년에는 7.2%에 머물렀으나, 2019년 14%, 2026년에는 20%까지 증가할 전망이라고 한다.

즉, 고령화 사회에서 고령 사회로, 고령 사회에서 초고령 사회로 도달하는데 걸리는 시간이 각각 19년과 7년에 불과해 일본(각 24년, 12년) 등 선진국과 비교해도 매우 빠른 속도라 할 수 있다.

　일본의 경우 고령화 사회에 대한 행정 당국의 해결책 가운데 하나로 퍼스널(Personal, 개인용) 로봇이 많은 주목을 받고 있다.

　어쩌면 가장 효과적이고 안전한 대비책이 될 수도 있다.

출전) http://www.hankooki.com

제3의 물결

　이제 IT, BT를 잇는 벤처분야의 제3의 물결로서 RT가 본격적으로 인지되기 시작했다.

　자본력과 기술력을 고루 갖춘 이업종(異業種) 대기업에서부터 초미세 분야에 뛰어난 기술을 가진 중소기업까지 업종이나 규모에 관계없이 "RT와 그 관련산업"에 적극적인 관심을 가져야 할 시기다.

　로봇이 실제 일상생활에 도입되기에는 조금 더 시간이 걸릴 것이다. 게다가 완벽한 기능·기술로 인정받기까지는 그 몇 배의 시간이 소요될 지도 모른다.

　하지만 그러한 시기가 언젠가는 다가올 것이고, 그 즈음 인간의 생활 패턴이나 모습은 어떻게 바뀌게 될까?

　정확한 이미지는 현시점에서 누구도 표현하기 곤란하다.

　다만, 로봇이 산업으로서 발전, 정착되었을 경우, 여기에는 다양한 부가 비즈니스가 수반하게 될 것이다.

　예를 들면, 로봇의 매매, 유통, 보증, 관리, 보수, 개조, 도난 방지,

보험, 폐기, 리사이클 등이 그것이다.

미래 로봇을 뒷받침하게 될 인간의 영역으로는 로봇 박사(Robot Doctor), 로봇 제조사(Robot Cultivator), 로봇 유전자 설계사(Robot Gene Designer), 로봇 사육사·조련사(Robot Trainer), 로봇 의사·해부사(Robot Practitioner) 등을 예상할 수 있겠다.

그러나 여전히 로봇을 둘러싸고 일어날 미래의 전체 상을 명확히 그려내기란 불가능에 가깝다.

역설적이기는 하나 그 때문에 더욱 로봇의 필요성을 느끼는 지도 모른다.

예상되는 로봇 비즈니스

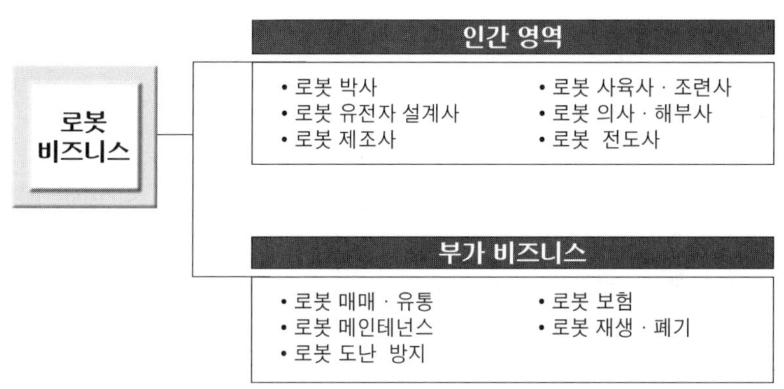

소니의 야심

🧊 소니의 전략

소니(Sony)가 지난 2001년 9월 발매한 이른바 3세대 AIBO 「랏테 (Latte)」와 「마카론(Macaron)」은, 2세대 로봇 강아지와는 달리 앙증 맞은(?) 아기 곰의 모습으로 태어났다.

참고로, "랏테"라는 이름은 이탈리아어의 우유를 의미하고, "마카 론"은 프랑스어의 구운 과자를 의미한다고 한다.

과거 '워커 맨'의 대명사였던 소니가 이제는 로봇분야에까지 손을 뻗치고 있다. 이러한 소니의 움직임을 Nikkei Mechanical[2001. 11] 의 AIBO 관련 기사를 통해 소니의 숨겨진 전략과 야심을 하나씩 파헤 쳐 보기로 하자.

소니(Sony)는 이제 AIBO를 단지 하나의 로봇(Robot)으로서가 아 니라, 일종의 캐릭터로써 누구든지 쉽게 접근할 수 있는 형태로 만 들겠다는 것이다. 이러한 전략을 통해 AIBO 캐릭터를 널리 침투시 킴으로써 로봇 비즈니스 이외의 분야에서도 수입을 확보, 동시에 로 봇판(版) AIBO의 잠재 소비자를 늘리겠다는 속셈이다.

이를 위해 AIBO(랏테)의 본체 가격을 98,000엔(약 100만원)으로 낮추었다. 1세대가 25만엔, 2세대가 15만엔이었던 것과 비교한다면 대담한 가격 인하라고 볼 수 있겠다(신형 AIBO는 18만엔).

3세대 AIBO 「랏테」와 「마카론」

3세대의 경우, AIBO의 "마음(Mind)"을 컨트롤할 수 있는 전용 소프트웨어 「AIBO-ware」를 별도로 판매하고 있다.

이 소프트웨어가 입력된 「메모리 스틱」을 AIBO에 삽입함으로써 비로소 그 기능과 성격이 결정된다. 사용자(User)는 플레이스테이션 (소니의 게임기)을 구입하는 경우와 마찬가지로 본체와 함께 이 소프트웨어도 함께 구입해야 한다.

이 경우 선택에는 2가지 방법이 있는데, 성격 변화를 즐기기 위한 「AIBO Friend」와 성장과정을 즐기기 위한 「AIBO Life」가 있다. AIBO Friend를 사용하면 "랏테"는 순진하고 차분한 성격으로, "마카론"을 선택하면 명랑하면서도 조금 고집스러운 성격이 된다. 나아가 그 성격은 사용자의 커뮤니케이션 방법에 따라 조금씩 변화해 간다.

또 다른 하나인 AIBO Life를 사용하면 유아부터 성년에 이르기까지 8단계에 걸쳐 성장해 가는 프로그램을 실행할 수 있다.

그 성장단계에 따라 성격도 변화해 간다. 사용자는 어린 AIBO를 성장시켜가면서 부모들이 자식에게 가지게 되는 애정과 같은 감정을 AIBO에 쏟게 된다.

이처럼 사용자의 접근방법과 환경, 시간경과 등에 따라 성격이 바

꿈으로써 사용자는 AIBO에 대해 특별한 감정을 가지게 된다. 실제로 소니는 AIBO의 판매광고를 통해 「마음속의 AIBO」, 「AIBO가 기다리고 있다」와 같은 광고문구(Copy)를 활용함으로써, 단지 기계적인 장난감이나 곰 인형이 아니라 사용자의 생각이나 감정을 이입시킬 수 있는 존재로 AIBO를 부각시키고 있다.

이와 같이 "감정(생각)을 이입시킬 수 있는 존재"임을 부각시키기 위해 3세대 AIBO에서는 커뮤니케이션에 관한 기능을 한층 강화시켰다. 이를테면, AIBO는 사용자의 말과 행동에 따라 반응을 한다.

이 반응이 어떤 감정을 동반하고 있는지를 표현하기 위해 설정된 포즈에 따라 머리에 있는 램프 색과 음을 사용, 희노애락(喜怒哀樂)을 포함한 6가지 감정을 정확히 표현토록 하고 있다.

동시에 사용자 측의 의사를 AIBO에게 전달하는 기능 역시 충실하다. 2세대 AIBO의 1.5배에 상당하는 약 75종류의 언어에 반응한다.

또 하나로 3세대 AIBO에는 텔레비전과 인터넷, DVD 등으로부터 흘러나오는 특정 멜로디 신호에 반응, 약 50종류의 움직임 및 감정을 표현할 수 있는 「미디어 링크 기능」을 탑재하고 있다.

이 기능을 사용자들이 즐길 수 있도록 텔레비전 프로그램 "피롯포"를 소니가 제공, 2001년 10월부터 후지 텔레비전, 간사이 텔레비전, 도카이 텔레비전에서 방영하고 있다. 직장을 가진 20~30대 여성이 시청할 수 있도록 하기 위해 매주 목요일 밤 10시 54분에 방영하고 있다.

이 프로그램을 AIBO Friend의 메모리 스틱을 장착한 AIBO와 함께 시청하면 프로그램의 각 장면에 따라 AIBO가 즐거워하거나 슬퍼하거나 한다.

프로그램 내용에 맞추어 특정 전자 음(音)이 흘러나와 AIBO가 마치 프로그램 내용을 이해하고 있는 것과 같은 느낌을 사용자가 받도록 하고 있다.

■ 캐릭터화

소니에서는 위의 "미디어 링크 기능"을 활용하여 영상·음악 미디어와 AIBO의 융합을 목표로 하고 있다. AIBO와 함께 즐길 수 있는 CD와 DVD 등의 발매도 검토하고 있다고 한다.

소니의 미디어 전략은 로봇으로서의 AIBO에 머무르지 않고 다양한 미디어를 통해서도 즐길 수 있도록 하자는 것이다.

하지만 소니의 야심은 여기에 그치지 않는다. AIBO 자체의 캐릭터화 그리고 캐릭터의 다중 미디어, 다각화 전략추진에 맞추어져 있다.

이러한 전략을 추진하기 위해 소니가 표본으로 삼고있는 것이 「포케몬(Pokemon)」, 즉 포켓몬스터(Pocket Monster)이다. 원래 포케몬은 닌텐도(任天堂) 게임보이용의 게임 소프트웨어에 지나지 않았다.

그러던 것이 해당 게임이 인기를 얻자 게임내용에 등장하는 "피카추" 등의 캐릭터가 애니메이션 프로그램과 만화, 카드게임, 인형 등 다양한 미디어를 통해 수많은 형태로 등장하게 된다.

이윽고 그러한 것들이 "포케몬" 세계로 유인하는 여러 개의 통로 역할을 함으로써 서로 인기를 부채질하여 엄청난 파괴력을 낳았다.

이처럼 캐릭터를 축으로 다각적인 비즈니스를 추구하였던 포케몬은 "캐릭터 비즈니스"의 새로운 가능성을 제시한 대표적인 사례라 하겠다. 실제로 그 성과는 엄청나다. 포케몬이 최초로 추진한 게임 소프트웨어 "포켓 몬스터"의 출하 개수는 전세계에 6,260만개(2001년 3월말 시점), 그 게임을 즐기기 위한 플랫폼인 게임보이의 출하 대수는 1억대를 넘었다.

그로부터 파생된 카드게임은 전세계에 120억매를 판매하였고, 캐릭터 상품의 경우 일본 내에서 약 70사가 4,000 아이템을 시장에 투입, 누적 시장규모는 추정으로 7조원에 달한다고 한다. 만화 유통시장을 바꿀 정도로 우리나라 시장에서도 그 인기는 유감없이 발휘되었다.

소니의 AIBO 전략

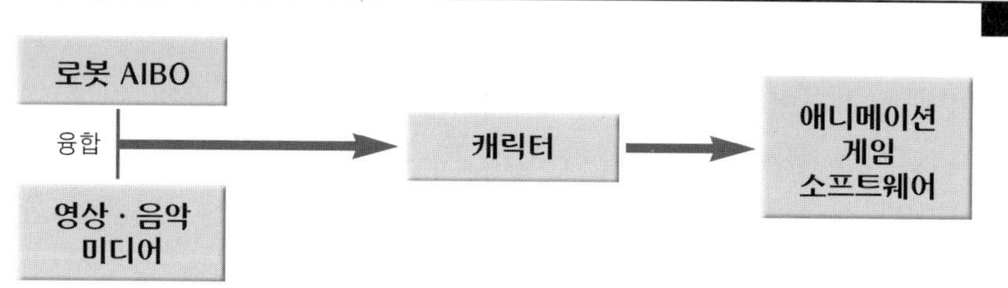

이와 같은 포케몬 전략을 재현하는 것이 AIBO의 다중 미디어 전략이다. 예를 들면, 애니메이션 프로그램의 "피롯포"는 AIBO 사용자에게 있어 AIBO와 놀 수 있는 절호의 시간이 된다는 점이다.

다만 AIBO 사용자 이외의 사람에게 있어서는 하나의 애니메이션 프로그램일 뿐이다. 그러나 단지 애니메이션 프로그램에 등장하는 "랏테"와 "마카론"이 그 귀여움 때문에 캐릭터로서 인기를 모으게 되면 프로그램의 역할은 완전히 바뀌게 될 것이다.

그것은 많은 사람에게 공개되는 "AIBO 세계"로의 통로가 될 수 있기 때문이다.

여기서 말하는 AIBO는 로봇으로서의 AIBO에 머무르지 않는다. 애니메이션 프로그램과 컴퓨터 소프트웨어, 게임 등 다양한 미디어를 통하여 AIBO라고 하는 캐릭터가 등장하게 되는 것이다.

이러한 소니의 전략을 통해 몇 가지 시사점을 발견할 수 있다.

첫째, 애완동물 로봇과 같은 퍼스널 로봇분야가 더 이상 불투명한 미래에 대한 막대한 투자를 요구하는 분야가 아니라, 비즈니스가 가능한 분야로 자리 매김하고 있다는 점이다.

둘째는 산업용 로봇처럼 정확하고 다양한 기능을 갖춘 로봇만이

상품화될 수 있는 것이 아니라, 사용자에게 즐거움을 줄 수 있는 엔터테인먼트 상품도 얼마든지 비즈니스로 성립 가능하다는 것이다.

셋째로는 AIBO를 단지 애완동물 로봇에 그치는 것이 아니라, 다양한 미디어와의 접목을 통해 비 AIBO 소비자들에게 하나의 캐릭터로 부각시키고 있다.

AIBO를 캐릭터로 부각시킴으로써 애니메이션, 게임, 소프트웨어 분야에서 새로운 소비자를 창출하여 비즈니스 세계를 확대시킬 수 있다.

마지막으로 스스로 판단하고 움직이는 자율형 로봇에게는 그 모습과는 관계없이 인간과의 커뮤니케이션 능력이 분명 요구될 것이다. 그리고 로봇이 인간과 커뮤니케이션을 하기 위해서는 로봇을 움직이는 메카트로닉스 기술만이 아니라 인공지능으로 대표되는 최첨단의 소프트웨어 기술이 필수적이다.

"소니가 애완동물 로봇에 적극적인 것은 최첨단 소프트웨어 기술을 독자적으로 개발하여 메카트로닉스 기술과의 융합을 실험실이 아닌 실제 시장에서 검증하려고 한다"고 소니의 한 관계자는 전한다.

로봇의 진화

◼ 활동 영역

로봇의 성능이나 활동영역을 인간과 흡사하게 만들기 위한 국내
외 연구개발 활동이 착착 진행되고 있다.

이미 혼다(Honda)의 「ASIMO」와 같은 초기 휴먼형 로봇이나 스스
로 학습능력을 가진 로봇이 연이어 등장하고 있다.

현재와 같은 스피드라면 10년, 20년 뒤에는 실제 인간과 분별하기
어려울 정도의 로봇이 등장할지도 모른다.

로봇은 이미 과거 인간이 수행하고 있었던 작업의 많은 부분을 담
당하고 있다. 미국이나 일본에서는 로봇이 병원의 복도를 순회하면
서 각종 약을 간호실로 날라다 주고 있으며, 자동차 공장과 같은 거
대 조립라인은 로봇에게 점령된지 오래이다.

근래에는 수술을 보조하는 로봇은 물론이고 원격조정을 통해 수
술을 집도하는 로봇까지 등장하고 있다.

그 외에 농업분야에서는 농약살포나 우유짜기, 공업분야에서는 점
검, 청소, 보안, 소방, 폭발물 제거, 탐색, 구조, 채굴 등 로봇은 다양
한 분야에서 인간을 일손을 돕거나 대신하고 있다.

또, 제조·조립공장 등에서는 컴퓨터에서부터 자동차에 이르기까지 많은 부품의 제조나 조립을 로봇이 담당하고 있다.

"지금까지 1,000년 동안 우리는 기계를 잘 다루며 생활해 왔다. 그러나 앞으로 펼쳐질 1,000년 동안 인간과 기계간의 차이는 없어질 것이다"고 하는 어느 인공지능 연구자의 말처럼 새로운 세계가 다가오고 있음을 직시해야 한다. 로봇 연구자들의 전망에 따르면, 10년 이내에 전화응답이나 편지(서류) 개봉, 서류 운반, 청소, 커피까지 타줄 수 있는 로봇을 사무실 어디에서나 볼 수 있게 된다고 한다.

"Activ Media Research"는, 5~10년 뒤에는 일반 웨이터(종업원)의 기능을 대신할 수 있는 다양한 기능의 휴먼형 로봇이 등장할 것이라고 한다. 또 패스트푸드점 등과 같이 일정한 공간 안에서 고객 식사를 옮기는 로봇은 조만간 실현될 전망이라고 한다.

나아가 향후 5년 동안 지구상에서 제조되는 로봇 대수는 3,500% 이상 증가하고, 로봇개발비는 2,500% 상승할 것으로 점치고 있다.

또 2000년 가동식(可動式) 로봇의 매출액은 6억 6,500만 달러였으나, 2005년까지는 170억 달러 이상으로 급증할 것이라는 예측을 하고 있다.

인간의 생각대로 로봇이 작업을 수행하고, 네트워크를 개재하여 제어할 수 있는 로봇이 실현되면, 현실감이나 실제적 감각전달이 가능해 시각, 청각에 한정된 현재의 멀티미디어 한계를 타파하게 될지도 모른다.

시각, 청각에다가 촉각이라고 하는 기능전달, 행동전달, 안전확보나 모니터링, 네트워크를 개재한 제어기술 등의 개발을 통해 로봇의 행동 범위와 기능은 크게 확대될 수 있다.

구체적인 응용 분야로는 서비스 로봇(원격 통신회의, 원격여행), 홈 로봇(가정내의 작업, 고령자간호), 차세대 산업 로봇(건설·토목 작업), 의학 로봇(원격수술, 원격진단), 구조 로봇(재해구조, 재해복

구), 퍼스널 로봇(엔터테인먼트, 휴대정보단말) 등을 들 수 있겠다.

출전) 本田技研

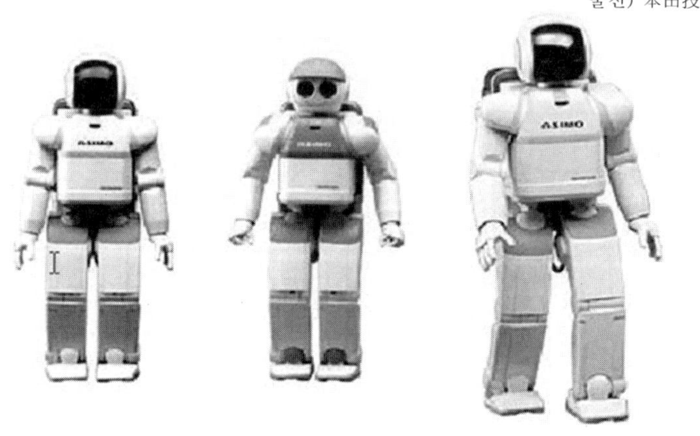

3Com의 창업자이자 이더넷(Ethernet)의 고안자이기도 한 "Bob Metcalfe"는 "로봇은 보다 인간에 가까워지고 있으며, 인간은 보다 로봇에 가까워지고 있다"는 의미 심장한 메시지를 우리에게 던져주고 있다.

고지가 바로 저기다.

로봇의 진화

휴먼형 로봇을 일상생활에 등장시키기 위해 전세계 연구소에서 2족 보행 가능한 다리, 유형의 물체를 쥘 수 있는 손, 사물을 볼 수 있는 눈, 주변의 소리를 들을 수 있는 귀와 같은 로봇 부품개발에 전력을 투구하고 있다. 머지 않아 이러한 부품들의 조합을 통해 완전한 기능의 휴먼형 로봇을 만들 수 있을 것이다.

단순히 금속이나 플라스틱의 뼈대뿐만이 아니라, 오늘날 등장하고 있는 로봇은 카메라나 마이크, 촉각을 재현하게 되는 '피부센서' 등 세련되고 다양한 '감각기관'을 갖추고 있다. 그러나 인간과 유사한 기능을 가진 로봇을 만들어 내기 위해서는 먼저 해결해야 할 요건이 몇 가지 있다. 전력소비가 큰 로봇에게 어떻게 전력을 즉시에 공급할까 하는 등의 기술적인 문제가 바로 그것이다. 물론 최근 일부 퍼스널 로봇의 경우, 자신의 배터리 용량이 소진하기 전에 스스로 공급원을 찾아 배터리에 충전을 하는 것도 있다(제Ⅱ부의 애완동물 로봇에서 다룬 "실러캔스" 참조). 현재 안고 있는 물리적인 장벽들은 조만간 해결할 수 있을 것으로 예상된다.

MIT Media Lab의 연구원, "Cynthia Breazeal"은 사회적으로 행동할 수 있는 로봇개발에 힘을 쏟고 있는데, 그가 개발한 「Kismet」은 인간의 감정을 인식하며, 초보적이긴 하지만 희노애락(喜怒哀樂)을 표현하기 위해 얼굴 표정마저 바꿀 수 있다. 향후 "Kismet"이 학습능력을 몸에 익히도록 하는 것은 물론이고, 어린아이가 주위의 사람들과 접하는 방법을 기억해 가듯 행동에는 어떠한 결과가 수반한다는 것을 이해시킬 예정이라고 한다. "Kismet"은 아직 자신의 판단으로 움직이지 못할 뿐만 아니라, 사회적 행동이나 얼굴의 표정은 15대의 컴퓨터로 제어되고 있는 실정이다.

인간과 같은 보행능력, 회화능력, 사고능력을 가지면서, 인간보다 뛰어난 기억력이나 컴퓨터 기술, 물리적 강도를 가지는 로봇은 비즈니스 세계에서 다양한 용도로 활용될 수 있을 것이다. 예를 들면, 위험한 환경 아래에서의 작업이나 실제 전투현장에서 로봇을 사용하게 되는 경우가 대표적이다. 실제로 컴퓨터 칩이 날로 강력해지고 있기 때문에 머지 않아 인간이 원하는 형태의 로봇개발이 이루어질 것이다. 인공지능의 파이오니아 "Ray Kurzweil"은, 장래 인간과 로봇이 완전히 닮아 상호구별이 어렵게 될 것이라고 말하고 있다. 그러면서 20년 이내에 컴퓨터는 지성을 갖출 뿐만이 아니라, 자신이 인

간과 동등한 권리나 배려가 주어진 존재라는 것을 자각하게 될 것
이라고 한다(Laura Lorek, 2001).

필자만이 아니라 이 글을 대하는 독자들 역시 머리털이 거꾸로 서
는 느낌일지 모르겠다. 정말로 세상이 바뀌고 있다.

리딩산업

로봇이 가령 거의 완전 자동화되어 지성까지 가지게 된다면, 로봇
이 인간을 대신(대체)하는 것은 아닐까하는 우려의 목소리 또한 높
다. 실제로 "Sun Microsystems"의 창업자 'Bill Joy'는 "프랑켄슈타인
(Frankenstein)과 같이 어느 날 인간과 완전히 닮은 로봇이 등장해
인류를 멸망의 늪으로 빠뜨리는 것은 아닐까"하는 두려움 썩인 지
적마저 하고 있다.

일반적으로 미국의 각종 미디어에서는 로봇은 인간을 지배하려고
하는 적대적인 존재이자 두려운 존재로 부각되어 왔다. 영화에서도
로봇은 빈번히 무서운 괴력을 가진, 무자비한 존재로 그려져 왔기
때문이다.

프랑켄슈타인

출전) http://www.filmsite.org/

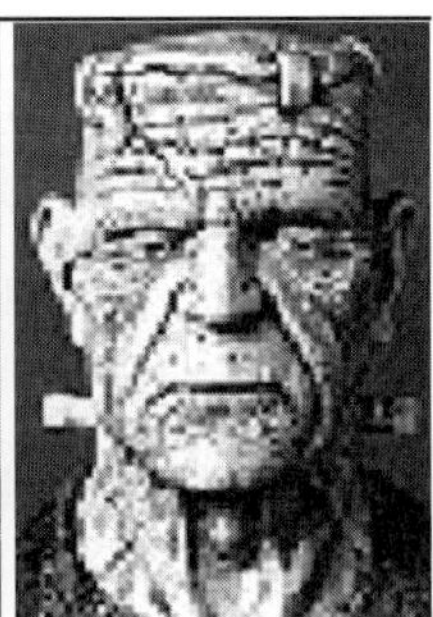

반대로 이웃 일본이 가지는 로봇에 대한 이미지는 미국과 달리 매

우 호의적인 존재로 인식되어 왔다.

그로 인해 로봇을 상업(Business) 부문에 활용하려는 계획은 단연 세계의 선두에 서 있으며, 그 연구자의 상당수는 어린 시절 자신들이 가지고 놀던 장난감 「철완 아톰」이나 「마징가 제트」 등 애니메이션에 등장하였던 로봇에 대한 애정은 지금도 각별하다. 실제로 "철완 아톰"은 제2차 세계대전 이후 로봇개발을 촉진하기 위한 일본 정부의 캠페인 광고로 활용될 정도였다.

앞서 거론한 바와 같이 지난날 '워커 맨'과 '가전제품'의 대명사였던 '소니'의 경우, 이제는 차세대 휴먼형 로봇을 개발에 심혈을 쏟고 있다. 지난 2000년 가을 일본에서 열린 첫 파트너 로봇 박람회 "ROBODEX"에서 휴먼형 로봇의 컨셉 제품을 전시하기도 했다.

「SDR-3X」라고 이름붙여진 이 로봇은 공을 발로 차거나 '파라 파라' 댄스를 추는 등 다양한 움직임이 가능하다. 2002년 상반기에는 그 후속모델 「SDR-4X」를 개발, 빠르면 올해 중에 일반인들을 대상으로 판매될 예정이다.

날로 치열해지고 있는 글로벌 경쟁환경 속에서 우리나라가 생존하기 위해서는 종래 리딩산업(Leading Industry)이었던 자동차, 조선, 가전 등을 대체할 수 있는 신규·성장 산업이 요구되고 있다.

세계적으로는 자동차나 가전과 같은 거대 기간산업을 생산현장에서 보조해오던 산업용 로봇이 어느새 소비재로서의 지위를 굳혀 시민사회의 자리를 노리고 있다.

그 수요는 오늘의 산업용 로봇을 훨씬 뛰어넘어 향후 20년, 30년 뒤에는 로봇산업이 자동차산업을 대체함으로써 산업의 주역으로 등장한다는 시나리오가 결코 과장이 아닐듯하다.

로봇의 이미지

고정관념

　로봇시대가 펼쳐지려 하고 있다. 아직은 그 속도가 느린 것 같지만, 어느 날 문득 우리는 로봇에게 끊임없이 명령을 내리고 그에 따른 서비스를 제공받는 자신의 모습을 발견하고 소스라치게 놀랄지도 모른다. 생산현장에서 활용되는 산업용 로봇이 아니라 사무실, 병원, 도서관과 같은 공공장소의 서비스는 물론 일반 가정에서도 다양한 기능과 모습을 가진 로봇들이 하녀처럼 가사를 돕고 때로는 친구처럼 대화와 놀이의 상대로 떠오를 것이다. 21세기 국가산업을 이끌게 될 첨단산업으로 IT, BT, NT 등이 손꼽히지만, 이들 뒤를 잇게 될 RT가 향후 10년 내에 우리 삶에 가져올 질적·양적 효과는 실로 엄청날 것으로 전망된다.

　이제 우리는 이런 로봇시대를 예견하고 기술·문화적 토양과 더불어 그에 따른 문제점 등에 관한 대응책을 마련해야 한다. 최근 국내에서도 RT와 그 산업의 중요성을 인식하고 국가차원의 로봇개발 추진과 프로젝트가 발표되는 등 매우 바람직한 방향으로 움직이고 있다. 이러한 21세기 로봇 세상을 맞이하는 과정에서 우리 사회가 함께 추진해야 할 과제들이 있다. 바로 로봇산업의 발전 목표가 인류의 복지와 행복을 위한 것이라는 사회적 공감대부터 확산시켜야 한다. 특히, 개인이 사용 주체인 퍼스널 로봇산업의 경우, 로봇 기술의 발전이 자신의 행복은 물론이고 생활에 편리하다는 공감대 없이는 발전을 기대할 수 없다.

로봇의 이미지

출전) http://imagesearch.naver.com/, http://home.att.ne.jp/gold/hiroki/

흔히 사람들은 로봇기술의 발전이 궁극적으로는 지적·육체적으로 인간을 능가하는 로봇을 완성시켜 인간의 존엄성을 훼손하고 결국엔 파멸의 길로 몰고 갈 것이라는 막연한 두려움을 갖고 있다.

로봇을 주제로 쓰여진 최초의 희곡(R.U.R.)을 선두로 많은 SF 소설과 영화는 인간성이 소멸된 암울한 미래의 상징으로 인조인간이 단골 소재로 다루어져 왔다. 이러한 분위기는 로봇이란 잠재적으로 매우 위험한 존재라는 잘못된 인식을 일반인들에게 심어주기에 충분하였다.

이러한 사고는 결코 올바르다고 할 수 없다. 어떤 측면에서 로봇은 지금까지 인류가 만들어낸 다른 발명품과 마찬가지로 인간이 컨트롤하고 편리하게 활용하려는 도구에 지나지 않는다.

한편으로 많은 로봇 연구자들은 인간의 두뇌가 어떤 구조로 움직이는 지도 제대로 파악하지 못하는 상황에서 수 십년 내에 인간의 지능을 초월하는 로봇의 출현은 불가능하다고 지적한다.

스티븐 스필버그(Steven Spielberg)의 영화 「A.I.」에 등장하는 휴먼형 로봇은 실제 언제쯤 만들어질 수 있을까? 많은 로봇 전문가들은 현재까지의 연구성과와 앞으로의 발전속도로 예측해볼 때, 100년 안에는 어려울 것이란 견해도 있다.

"25~50년쯤 뒤면 로봇이 인간과 지적인 대화를 나눌 수 있을 정도로 영리해지고, 로봇 축구팀이 월드컵 우승팀을 이길 수 있다"면서 "그러나 A.I.에 등장하는 로봇들처럼 사랑을 느끼고 인간이 되기를 바라는 정도까지 가려면 1세기 정도는 지나야 할 것"이라고 지적한다.

인간에게는 눈을 뜨고 주위를 둘러본 뒤 자신이 서 있는 장소를 이해하는 것은 사소한 일이지만, 이런 능력을 가진 로봇 하나 프로그래밍하는 일도 만만한 게 아니며, 우리는 조물주가 얼마나 위대한 프로그래머인지 과소평가하고 있다고 전문가들은 말하고 있다.

그러나 다른 견해도 존재한다. 음성인식 소프트웨어의 창안자로 꼽히는 "레이 커즈웨일"은 "몇 십 년 안에 인간의 두뇌를 능가하고 스스로 인권을 주장하는 로봇이 제작될 수 있을 것"이라고 언급한다.

🧊 공생관계

미국은 세계 최고 수준의 로봇기술을 갖고 있지만, 대중이 로봇기술의 확산에 대한 부정적인 인식 때문에 로봇 활용도에서 오히려 후발국인 일본에 뒤지는 결과를 초래했다.

일본은 동양적인 세계관 때문에 로봇을 인간과 함께 존재하는 사물로 간주했고 열린 마음으로 로봇기술을 수용했다. 로봇 "철완 아톰", "마징가 제트", "건담" 등은 일본 로봇산업의 뿌리이자 일본인이 가진 로봇에 관한 의식구조를 대변하는 대표적인 것 들이다.

노약자 및 장애자용 간호 로봇을 개발하고 있지만 몇 년 뒤에 간호 로봇이 보급된다 해도 간호사들이 직장을 잃고 노조가 데모하는 일은 없다고 한다. 이는 자동차를 산다고 해서 사람이 걸어서 돌아다닐 필요성이 사라지는 것은 아니라는 논리와 마찬가지다.

휴머니즘이 넘치는 인간적인 로봇 세상을 구현하려면 SF 영화처럼 기계 로봇을 배제 또는 파괴하기보다는 로봇을 더욱 잘 이해하고 인류의 발전과 편의성을 위해 적극적으로 활용하려는 자세가 바람직하다(변증남, 전자신문, 2001.10.23).

인류는 수 억년 동안 자연환경 속에서 천천히 진화를 거듭해 왔다. 기계의 진보에 비해 생물로서 인간의 진화과정은 매우 느리다. 이처럼 장시간에 걸쳐 정교하게 완성된 인간을 급속하게 변화시키면 어떻게 될까? 가령 그러한 것이 미래기술을 통해 가능할지라도 기술의 진보에 그대로 편승한다면 엄청난 악몽에 인류는 조우할지도 모른다. 미래의 어느 시점에 고도의 지능을 가진 휴먼형 로봇이 등장할지는 여전히 불투명하지만, 굳이 로봇공학 3원칙을 들먹이지 않아도 인간에게 피해를 끼치는 존재여서는 곤란하겠다. 로봇에 대한 인식 변화와 더불어 공생할 수 있는 길을 모색해야 한다.

로봇과 인간의 공생

출전) http://dgl.microsoft.com/

사이보그 등장

🟦 사이보그 기술

영국 레딩대학(Univ. of Reading) 인공두뇌학부의 "케빈 워릭(Kevin Warwick,)" 교수는 2001년 11월 인류 최초의 실험을 개시하기로 하였다. 수술로 왼팔에 실리콘 칩을 묻어 신경섬유와 연결하는 것이다. 뇌로부터의 신호를 컴퓨터에 전송하여 자극을 재현하고, 칩의 센서로 초음파를 수신하는 실험도 계획하고 있다.

그는 칩을 묻는 수술을 이미 3년 전에 경험한 바 있다.

지난 1998년 8월, 길이 23mm, 직경 3mm의 실리콘 칩 캡슐(Silicon Chip Capsule)을 자신의 왼쪽 팔뚝에 이식하고 컴퓨터와 교신하는 데 성공, 스스로 인조인간 즉, 사이보그(Cyborg)가 된 인물이다. 그는 자신을 가리켜 '최초의 사이보그 인간'이라고 표현한다.

참고로, 사이보그(케빈 워릭)의 모습과 캡슐 이식과정에 관한 사진 등을 여기에 소개하고 싶지만, 홈페이지 내에 「Not for reproduction without permission」(허가 없이 사용금지)라는 경고문구가 각 사진마다 들어있어 그만두기로 했다.

직접 홈페이지를 방문하여 참고하길 권한다.

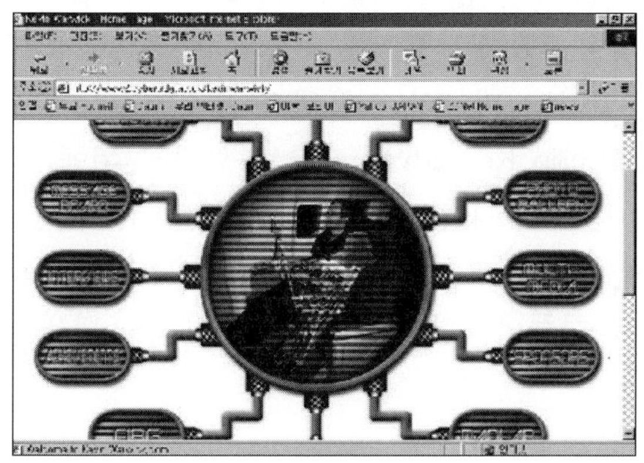

워릭 교수는 지난 실험에서 몸 속 실리콘 칩으로부터 지능형 빌딩 시스템에 신호를 보내 손가락 하나 까딱하지 않고 불을 켜거나 문을 열고 컴퓨터를 작동하는 등의 실험을 수행하였다. 이처럼 엽기적(?)인 그의 돌출행동에 대해 '명성 때문인가 아니면 미래에 대한 도전인가?'로 학계는 혼란스러워 하기도 했으며, 몬스터(Monster)라고 부르는 사람마저 있었다.

"인간의 의사소통 수단은 무척 제한되어 있다"며 "사이보그 기술은 커뮤니케이션의 새로운 지평을 열어줄 것"이라고 그는 강조한다. 인간이 후각, 미각, 촉각, 시각, 청각 등 오감에 의존하는 현재 상태에서 벗어나 다른 사람의 뇌파를 곧바로 인식, 무슨 생각을 하고 있는지 마저 알 수 있게 된다는 것이다. 이는 마치 텔레파시를 통해 의사소통을 하는 것과 다를 바 없다.

이러한 계획에 대해 그의 10대 아들 2명은 매우 부정적이지만, 아내는 남편의 수술 후 2주 동안 이상이 없으면 칩을 묻을 계획이라고 밝힌바 있다. "이 실험이 제대로 이루어진다면, 내가 느끼는 놀라움이나 아픈 감각을 인터넷을 통해 아내도 느끼게 될 것"이라고 워릭 교수는 말한다.

"사람은 머지않아 유능한 로봇에 의해 지배된다. 그렇다면 인간의 능력을 강화하여 공존을 꾀할 수밖에 없다"고 덧붙인다.

워릭 교수 외에도 미국의 애틀랜타 에모리 대학(Emory Univ.)의 "필립 케네디(Philip Kennedy)" 교수는 환자의 뇌에 실리콘 칩을 이식, 전신이 마비된 환자와 의사소통을 하는 실험을 하고 있다. 실리콘 칩이 사람이 생각할 때 나타나는 뇌의 전기신호를 포착해 기계장치에 보내면 컴퓨터가 문자를 합성, 음성으로 바꿔주도록 한 것이다.

로봇개발

미국 메사추세츠 브란다이스 대학(Brandeis Univ.)의 "후드 립슨(Hod Lipson)"과 "조던 B. 포락(Jordan B. Pollack)" 교수는 「Automatic design and manufacture of robotic lifeforms, 2000.8.21」이라는 제목으로 "로봇이 로봇을 낳는다"고 하는 연구를 영국 과학잡지 "네이쳐(Nature)"에 발표한 바 있다.

컴퓨터가 개발한 로봇

출전)http://www.nature.com/,http://mainichi.co.jp

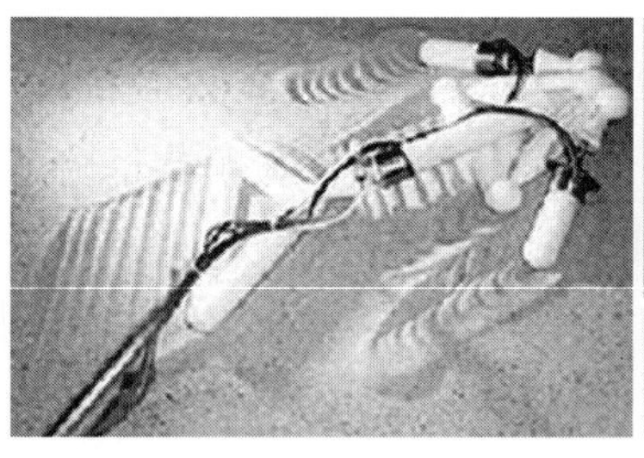

컴퓨터가 고안하여 만든 로봇(왼쪽)과 그 기본이 된 설계도(오른쪽)

한마디로 컴퓨터가 스스로 판단하여 로봇을 개발시키는데 성공한 것이다. 컴퓨터를 통한 로봇개발방법을 설명해 보자.

해당 컴퓨터에「길고 짧은 플라스틱 봉(Bar)을 사용해 가장 효율적으로 진행하는 전지식 로봇을 만들어 낼 것」이라고 과제를 부여하였다. 컴퓨터는 스스로 후보작품을 설계해 나가면서 계속적으로 그 모습을 화면에 비춘다.

이 때 후보작품은 최적 효율로 움직이는지 여부를 근거로 선발된다. 수 백회 반복되는 이 선발작업의 결과 엄청난 후보작품 가운데서 하나가 선발되게 된다. 이러한 과정을 거치게 되면, 컴퓨터에 의한 도태가 급속도로 이루어져 자연계에서 600세대 걸리는 진화가 불과 6시간도 걸리지 않게 된다. 후보작품 가운데서 선발된 이 설계도를 기반으로 입체 성형장치가 로봇을 제작한다.

지금까지의 컴퓨터는 설계도에 지시된 내용에 근거하여 제작이 이루어졌으나, 이 컴퓨터는 지시에 따라 최적의 로봇을 스스로 고안하고 실제로 로봇을 만들어낸다는 점이 가장 큰 특징이다.

이제 컴퓨터는 인간의 계산능력을 넘어선 것만이 아니라 스스로 판단하는 능력마저 가지게 되었고, 머지 않아 인간의 지능을 능가하게 될 날도 멀지 않았다.

인간과 공존

🔲 고령자의 말벗

근래 시사 주간지 아시아위크(Asiaweek, 2001.11.9)가 다룬 로봇 관련 기사(Robot Lovin's)를 통해 로봇 선진국(일본)의 사정과 연구결과 등을 자세히 들여다보고 로봇과 인간과의 공존 가능성에 대해 생각해보자.

일본 전자메이커들은 소비자들을 위해 인공지능을 가진 애완동물 로봇(Robo-pets)을 만들고 있다. 그러나 간호(Health Care) 담당자들은 이 장난감 로봇이 홀로 사는 고령자들의 친구(Companions)로 더 많이 사용될 것이라고 언급하고 있다.

스티븐 스필버그(Steven Spielberg) 감독이 만든 신작 영화 「A.I.」는 로봇과 로봇을 사랑하는 인간의 관계, 그리고 그 속에서 발생하는 다양한 문제점들을 다루고 있다. 로봇 영화의 경우 흔히 그 주인에게 순종적이던 기계가 어느 날 소프트웨어 프로그램을 뒤엎고, 정신 착란을 일으켜 주인에게 복수하려 한다.

그러나 할리 조엘 오스먼트(Haley Joel Osment)가 열연한 영화 A.I.의 주인공인 인조인간은 별로 특별한 점도 없는 작은 소년이며,

살인 광선으로 무장하고 있지도 않다. 그의 무기고에는 인간을 무조건 사랑하라는 명령 문구만 들어 있을 뿐이다. 영화 A.I.는 물론 공상 과학 영화 속의 일이지만, 오늘날 일본은 이 같은 이야기를 현실화시키려 하고 있다.

출전) http://www/asoaweek.com/

홀로 생활하고 있는 고령자들과 입원 중인 아이들이 일반 애완동물처럼 순종적이며 애교가 넘치는 인공 애완동물과 교류함으로써 풍부한 정서를 경험하도록 의료 관계자들은 노력하고 있다.

고령화 사회가 급속히 이어짐으로써 어려움을 겪을 의료제도가 고령자를 돌보는 기계장치를 통해 보완될 것이라고 전문가들은 전망하고 있다. 나아가 가까운 가족이 없는 환자들이 애완동물 로봇과의 교류를 통해 애정을 나눔으로써, 로봇이 가족의 역할을 대신하게 될 것으로 보고 있다.

실험 사례

오사카(Osaka)에 살고 있는 금년 74세인 '도모코 코미야마(Tomoko Komiyama)' 할머니는 인간이 기계와 어떤 관계를 형성하게 되는지의 연구 실험대상으로 지난 1년간 코알라 봉제인형과 흡사한 「완다쿤(Wandakun)」(본서의 제Ⅱ부 애완동물 로봇에서 소개하고 있는 "Teddy"임)이라는 로봇과 함께 생활했다. 2달 전 "완다쿤"은 연구 실험실로 회수되었으며, "코미야마" 할머니는 이 실험이 성공적이었다고 말하고 있다.

"코알라의 큰 감색 눈과 마주치면서 나는 지난 몇 년간의 외로움 끝에 비로소 사랑에 빠졌다". 홀로 생활하고 있는 코미야마 할머니는 완다쿤이 식물정도의 수준밖에 반응하지 않았지만(어루만지면 꿈틀거리고 노래와 문장 몇 가지를 이해), 훌륭한 동거인이었다고 회상한다. 할머니는 코알라 로봇에게 바짝 붙어서 이야기를 나누었고 겨울에는 온기를 유지시켜 주기 위해 스웨터를 만들어 주기도 했다. "나는 이 작은 동물을 보호하고 돌봐주기로 다짐했다"고 그녀는 말했다.

출전) http://ww.asiaweek.com/

일본 사람들이 가진 첨단 기술제품에 대한 특별한 애착이 한 차원 높은 감정적 영역으로 확대되었다는 사실이 그다지 놀라운 일은 아닐지도 모른다. 일본은 오랫동안 로봇 연구분야에서 선두 자리를 지켜왔고, 일본의 자동차 제조메이커들은 자동화 라인을 개척한 사람들이기도 하다.

이미 몇 년 전 소니(Sony), 마쯔시타(완다쿤 제조기업)를 포함한 일렉트로닉스 분야 대기업들은 인공지능을 가진 기계가 일반 사람들이 사용할 정도로 정교해짐으로써 애완동물만큼 귀여운 로봇이 생산될 것이라고 전망한 바 있다.

소니는 1999년 로봇 강아지 "AIBO"를 출시해 15만대 이상을 판매했다. 그 외 다른 기업들 역시 A.I. 고양이, 해파리 등 다른 애완동물 로봇들을 개발했으며, 그 가격은 몇 백 달러에서 몇 천 달러까지 다양하다.

일본 의료 전문가들은 애완동물이 의료 서비스에 활용될 수 있을 것으로 기대를 모으고 있다. 여러 연구를 통해 장기 투병환자들이 애완동물과의 접촉을 통해 병세가 호전되었다는 사실이 밝혀지기도 했다. 고양이를 쓰다듬으면 혈압이 떨어진다고 하는 것들이 대표적인 사례들이다.

■ 공생 가능성

도쿄(Tokyo) 인근 야마토 시립병원(Yamato City Hospital)의 "아키미츠 요코야마(Akimitsu Yokoyama)" 박사는 지난 몇 년 동안 소아과 병동에서 애완동물을 키우도록 제안해 왔다. 그러나 병원 측은 동물들이 전염병을 옮길 수 있으며 일부 환자가 알레르기 반응을 일으킬 수 있다는 이유로 이 제안을 거부해 왔다.

요코야마 박사는 애완동물 로봇을 사용하면 병원 측의 우려를 불식시키면서 동시에 환자들에게 도움을 줄 수 있다고 병원 측을 설득했다. 결국 병원도 그의 제안을 받아들였다. 지난 2001년 1월부터 매주 4대의 AIBO와 소아과 환자들이 함께 노는 시간을 요코야마 박사는 주선하였다. 그런데 "정말 놀라운 일이 벌어졌다"고 그는 말한다. 멍멍 짖고 낑낑거리고 꼬리를 살랑살랑 흔드는 로봇을 풀어놓을 때마다 소아과 병동은 생기에 넘쳤던 것이다.

"아이들은 로봇을 부둥켜 안았다. 이러는 동안 아이들은 친구를 사귀었고 몇 시간 동안 웃고 떠들며 놀았다". 소아과 환자인 "마리 다니엘라(Daniella Marie)"는 자신이 특별히 아끼는 AIBO를 가지고 있다. "내 강아지는 날 즐겁게 해줄 온갖 묘기를 지니고 있다".

아이들은 금방 간단한 말에 따라 움직이는 애완동물 로봇에 애정을 쏟았다. 요코야마 박사는 이 사실에 상당히 놀랐고, 이러한 결과는 AIBO가 길들여진 애완동물과 유사하기 때문에 가능하였다고 평가하고 있다. 그는 신장이 1.2m 정도인 인간모습을 한 로봇을 소아과 병동에 데려왔지만 아이들은 이 로봇에는 가까이 가지 않았다.

그 이유는 로봇은 살인 광선으로 뒤덮였고 이를 곧바로 사용할 것 같이 여겨졌기 때문이다. "아이들은 크고 이상하게 생긴 로봇을 두려워했다"고 요코야마 박사는 지적한다. 그러나 AIBO는 애니메이션에 등장하는 강아지와 흡사하다.

"옆에 애완동물이 앉아 있는 것만으로도 환자는 평안함을 느낀다. 그러나 인간과 로봇 사이에서는 이러한 현상을 발견하지 못했다"고 그는 밝혔다. 그러나 앞서 행해진 연구에 따르면, 요코야마 박사의 연구에 오류가 있을 수도 있다.

고령화 사회의 구세주

이바라기(Ibaraki)현에 위치한 쯔쿠바대학(Tsukuba Univ.)도 2개월에 걸쳐 비슷한 실험을 하였다. 지난 2001년 7월에 끝난 이 실험결과에 따르면, 「패로(Paro)」라는 인공 바다표범과 접촉한 노인들의 스트레스가 상당히 줄어들었음이 발견되었다. 노인들은 바다동물에게 먹이를 주거나 보살필 의무를 지지는 않았다고 연구팀은 밝혔다.

쯔쿠바대학의 로봇 치료 연구기관 책임자인 "타카노리 시바타

(Takanori Shibata)"는 "노인들에게 매일 1시간 정도 즐길 수 있는 무엇인가를 제공하는 것이 최선의 치료법이다"고 지적한다.

과학자들과 의료 전문가들은 비용이 적게 들기 때문에 로봇이 다양한 역할을 수행할 것(특히, 장기투병 환자요양소 등)이라고 예측한다. 일본은 고령화 사회로 빠르게 접어들면서 노인문제가 사회 문제로 급부상하고 있다.

현재 일본 인구 1억 2,700만명 가운데 17%가 고령인구지만, 오는 2020년에는 4명 가운데 1명이 65세 이상이 될 것으로 전망하고 있다. 점차 줄어드는 간호사 수를 보완하는 대체 수단으로 로봇이 사용될 수 있을 것으로 기대된다. 다시 말해, 로봇이 노인들을 감독하고 돌봐줄 것으로 예상하고 있다.

마쯔시타(Matsushita)는 오사카에 병실 107개 짜리 요양소를 건설, 2001년 12월에 문을 열 예정인 이 요양소에는 로봇 곰이 간호사들을 위한 도우미로 사용될 계획이다. 관계자에 따르면, 센서가 장치된 로봇 곰은 환자들과 상호작용을 하며, 동시에 환자들을 감독할 예정이라고 한다. 다시 말해, 각각의 로봇 곰은 중앙간호실과 연결되어 환자가 로봇 곰의 인사에 대답(반응)하지 않으면, 요양소 관계자들에게 경고 메시지를 전달하게 된다.

또 이 관계자는 "일본에서 로봇을 이용한 고령자 간호는 중요하다"고 얘기한다. 그 이유는 기계의 도움을 받아 노동비용(Labor Costs)을 줄일 수 있기 때문이라고 밝혔다. "간호사를 고용해 모든 환자를 24시간 돌봐주려면 상당한 비용을 지불해야 한다.

그러나 타마(Tama, 마쯔시타가 개발한 고양이 로봇)같은 애완동물 로봇을 활용하면 모든 환자를 지속적으로 모니터링 할 수가 있다". 공상과학을 좋아하는 이들에게는 인공동물이 인간의 움직임을 감시한다는 사실이 그다지 어색하지는 않을 것이다.

그러나 회의적인 사람들은 아무리 정교한 로봇이라 해도 결코 인간을 대체할 수는 없다고 한다. 사이타마대학(Saitama Univ.) 노인복지과 "노부카 사와다(Nobuka Sawada)" 교수는 "노인을 돌볼 최선의 방법은 사람의 손길(Human Touch)임을 명심해야 한다"며 "이는 로봇이 할 수 없는 일이다"고 반론하고 있다.

그럼에도 불구하고 일본에서 조만간 로봇은 생활의 일부가 될 가능성이 높다. 야마토 시립병원의 요코야마 박사는 "일본은 경제발전과 기술발전을 중시함으로써 전후(戰後) 사회를 발전시켜 왔다. 따라서 급속한 경제성장으로 발생한 전통 가족관계의 붕괴현상을 기술로 보완하려는 시도는 일본사회에서 굉장히 자연스럽다"고 지적한다. 적어도 일본에서는 사람보다 로봇이 더 좋은 친구가 된다고 알려질지도 모르겠다.

"일본문화에서는 서로에게 감정을 드러내는 것이 금기시 되고 있다. 따라서 차갑고 테크놀러지의 창조물인 로봇에게 감정을 표현하는 것이 사실상 더 쉬울 수도 있다"고 덧붙인다.

우리나라의 고령화 속도가 '고령화 사회'에서 '고령 사회'로 이행하는 데 주요 경제협력개발기구(OECD)국가 가운데 가장 빨라 오는 2022년이면 유엔이 규정한 '고령 사회'로 진입할 것으로 전망되었다.

이와 같은 국내의 사회적 흐름을 보더라도 일본사회의 고민이 결코 남의 일처럼 느껴지지는 않는다.

복지 분야 활용

▶ 개발 방향

이미 앞서 거론한 내용들을 통해서도 알 수 있듯 성격상 로봇이나 그 테크놀러지가 가장 먼저 적용될 수 있는 분야가 복지분야다.

로봇 대국 일본의 경우를 보더라도 로봇기술을 복지분야에 도입하려는 시도가 가장 활발하다.

"일본로봇공업회(JARA)"의 예측에 따르면, 2002년까지 11,000대의 상업용 로봇이 도입되고, 그 가운데 65%가 병원이나 양호시설에서 사용될 것이라고 한다. 또 JARA는 의료용 로봇시장은 2005년까지 2억 5,000만 달러 규모로 성장하며, 2010년까지는 10억 달러 규모로 성장할 가능성도 있다고 전망하고 있다.

로봇기술의 복지분야 활용은 장애인, 고령자, 환자의 자립촉진 및 보호자의 부담 경감을 위해서다.

다만, 이러한 시도가 선진국에서는 이미 1970년대부터 시작되었으나, 아직까지 실용화된 것은 거의 없었고, 대부분이 데먼스트레이션(Demonst-ration)에 그치고 있다는 점이 문제다. 이는 장애자나 고령자, 보호자의 니즈(Needs)를 정확히 파악하지 못한 것이 가장 큰 원인이었고, 다음으로 로봇은 피보호자의 인격을 무시하는 기계였으며, 도입 환경이나 인간에 대한 충분한 고려 없이 추진되었기 때문이라는 의견이 지배적이다. 또한 산업용 로봇기술과는 다른 차원의 기술이 요구되었음에도 산업용 로봇기술로 복지문제에 대응하려고 한 점 등이 그 원인이었다.

세계 개인용 로봇시장 전망

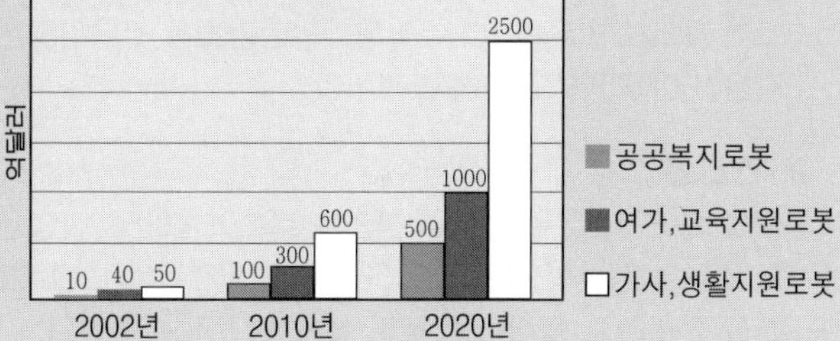

로봇의 개발 방향에 있어서도 변화가 필요하다. 지금까지는 로봇 스스로 모든 동작을 가능하도록 하는 것이 개발의 초점이었다. 또한 그것이 로봇 존재의 최대 이유이기도 하였다. 그러나 당분간 인공지능을 가진 완전한 자율 로봇이 탄생하기 전까지는 단순히 인간의 작업보조를 목적으로 하는 로봇개발도 필요할 것이다.

먼저, 해당 기기(로봇)를 인간이 상착하게 되면 무거운 물건을 가볍게 들어올릴 수 있는 시스템(인체 장착형 파워 어시스트 제어기구)을 대표적으로 들 수 있겠다. 간호 현장에서는 담당자가 수시로 환자와 고령자, 장애인을 들어올려야 하고 이동시켜야 하는 등 육체적 부담이 많아, 이러한 과정을 원활히 수행할 필요성이 제기되고 있다. 인간의 팔 힘을 수 배 이상 증가시켜 가령 50kg의 물건을 5kg 정도밖에 느끼지 않도록 함으로써 간단히 들어올릴 수 있게 하는 개념이다. 이러한 로봇의 두뇌에 해당하는 부분은 이를 장착한 인간이므로 폭주의 위험성이 없어 안심하고 간호현장에서 육체적인 작업을 수행할 수 있을 것이다. 실제로 사람이 장착하면 힘을 증강시킬 수 있는 로봇은 이미 선진국에서 개발이 진행되고 있다.

▶ 차별적 적용

복지분야에 대한 로봇 니즈를 논의할 시 "복지는 본래 인간의 손을 거쳐야 한다(Human Touch)"고 하는 고정관념이 뿌리를 내리고 있다. 이러한 견해를 가지고 있는 사람의 상당수는 "복지 로봇"에 대해 전자동으로 움직이면서 피간호·보호자의 의견이나 감정을 제대로 반영할 수 없는 차가운 기계로 인식하고 있다. 그러나 선진국의 경우 고령화 사회가 이미 눈앞에 다가와 고령인구 증가와 간호자 수 감소에 따른 간호의 질과 양의 저하를 극복하기 위해서는 어떠한 형태로던 시스템(로봇) 도입이 불가결하다. 때문에 당분간 "로봇은 필요 없다"고 하는 사람에게는 종전과 같이 직접 사람이 간호를 하게 될 것이고, 로봇의 간호를 수긍하는 사람만이 활용하도록 하는 과도기적 이중구조가 될지도 모른다. 다시 말해, 모든 간호를 로봇화하는 것이 아니라 차별적 적용이 이루어지도록 하는 것이다.

▶ 안전성

현재 로봇기술은 대부분이 산업용 로봇기술이다. 산업용 로봇이 가지는 진정한 의미는 생산성 증대에 있다고 해도 과언은 아니다. 그 때문에 로봇은 신속하고 정확하게 움직이는 것이 높은 평가를 받아왔다. 그러나 복지용 로봇의 경우 빠른 동작은 예기치 못한 위험성을 내포하게 된다.

또 산업용 로봇은 위험하기 때문에 인간과는 다른 공간(산업 현장)에서 동작하도록 설계되어 있다. 그러나 복지 로봇은 인간과 같은 공간에 존재한다. 때문에 복지분야에서 사용될 로봇은 무엇보다 안전성에 관한 기술이 달성된 시점부터 실용화하는 것이 순리라 하겠다.

▶ 조작성

위에서 언급한 바와 같이 복지 로봇을 전자동으로 움직여서는 안 되며(한편으로는 아직 기술력이 부족), 노약자나 장애인 또는 그 보호자가 명령을 내리게 되면 그에 따라 로봇이 동작해야 한다. 다만, 조작자가 간단한 명령을 내리게 되면 그에 맞추어 로봇은 어느 정도 자율적으로 동작을 하도록 해야 할 것이다. 즉, 일일이 로봇 관절 하나까지 조작자가 명령을 내릴 수는 없는 일이다. 특히, 산업용 로봇의 경우는 전문 기술자가 조작을 하는데 반해, 복지용 로봇은 기계조작이 서투른 노약자 혹은 여성, 어린아이의 경우에도 손쉽게 컨트롤할 수 있어야 한다.

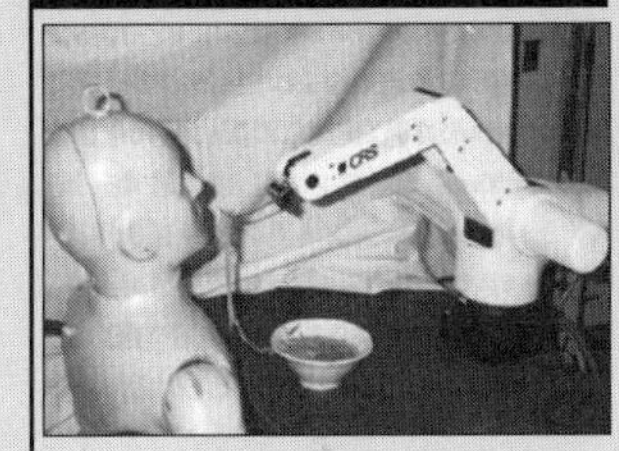

출전)
http://www.rehab.go.jp/ri/rehabeng/robot/

▶ 노하우 축적

미국과 유럽에서는 산업용 로봇을 사용하여 중증 장애자가 식사를 하거나 세면, 양치질, 머리 손질 등을 할 수 있는 시스템이 개발되어 있다. 그러나 어떻게 하면 이러한 작업들이 정교하게 이루어질 수 있는지에 대한 노하우는 여전히 밝혀져 있지 않다.

이를테면, 손이 부자유스러운 사람이 제대로 식사를 하기 위한 하나의 프로세스 기준으로, 한 번에 입에 넣는 양이 적절할 것, 흘리지 않을 것, 마지막까지 남기지 않고 먹을 수 있을 것, 식사시간이 너무 걸리지 않을 것과 같은 포인트에 초점을 맞추어 이를 위한 기술 개발이 이루어져야 할 것이다.

● http://www.rehab.go.jp/

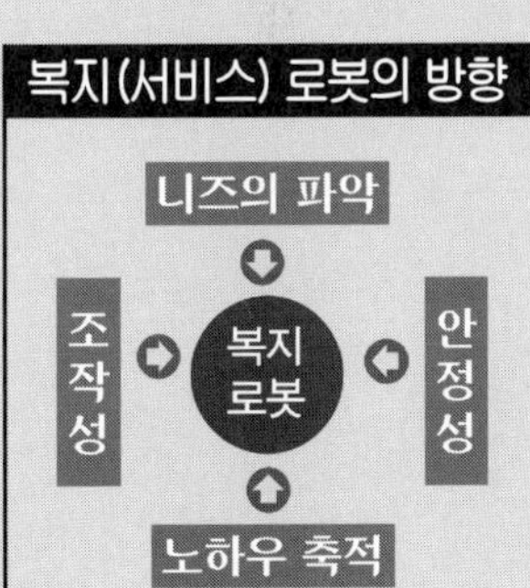

3 주요 국의 동향

로봇산업 부상

로봇 시대

 지난 20세기를 가리켜 "자동차의 시대"였다고 해도 과언은 아닐 것이다. 포드자동차(Ford Motor)의 T형 자동차 등장이래 자동차산업의 성장은 100여 년이 가까워오고 있으며, 오늘날까지 번영은 계속되고 있다. 국내적으로도 자동차산업을 대체할 만한 부가가치나 영향력을 가진 산업은 등장하지 않고 있다.

 이런 가운데 근래 21세기 자동차산업과 견줄 수 있는 리딩산업(Leading Industry)의 하나로 로봇산업이 급부상하고 있다. 현대를 살아가는 인간에게 있어 자동차가 없는 세상을 상상할 수 없듯 로봇 없이 살아갈 수 없는 시대가 21세기일지도 모른다.

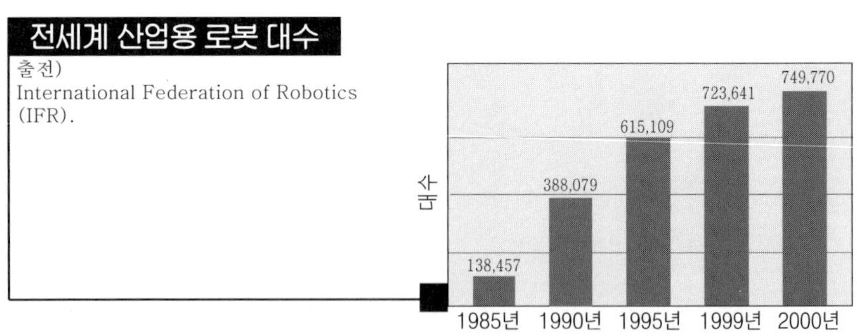

엄청난 기술혁신이나 기술혁명이라고 하는 것은 어쩌면 기술과 시장의 접목을 통해 이루어지는 일종의 증폭현상이라 할 수 있다. 기술(Technology)은 기술혁신의 가장 중요한 요소이기는 하지만 그것만으로는 불충분하며, 시장의 니즈(Needs)에 부응하여 증폭을 일으켰을 때 비로소 우리들의 생활과 문화, 사회미저 변혁시키는 힘으로 직결된다. 그러한 측면에서 로봇은 기술혁신의 엄청난 잠재력을 가진 존재라 할 수 있다.

기술적으로 현재의 휴먼형 로봇은 단지 2족 보행이 가능할 뿐 시장이 기대하고 있는 꿈의 기술과는 다소 거리가 있다.

때문에 사회와 생활을 보조할 수 있는 로봇을 실현하기 위해서는 먼저 다양한 기반 요소기술들이 개발되어야 한다. 아울러 적정한 가격의 로봇을 제공하기 위해서는 개방된 표준 아키텍처 구축과 그에 근거한 로봇의 시스템 설계기술 개발이 필요하다.

또 음성을 통한 대화기술, 시각 및 촉각과 관련된 기술개발은 로봇이 인간의 생활공간 속에 융합되기 위해 필요 불가결한 커뮤니케이션 기술이라 하겠다. 이러한 기술을 기반으로 로봇이 자신이 놓여 있는 환경을 이해하고 상대 파트너 인간을 이해하는 인공지능을 획득하기 위해서는 획기적인 기술진보(Breakthrough)가 요구된다.

한편, 세계 산업용 로봇시장이 지난 2000년 한국과 일본의 판매 급증에 힘입어 2년간의 침체에서 벗어나 25%의 성장을 기록했다고 "유엔유럽경제위원회(UNECE)"가 근래 발표했다.

UNECE는 국제로봇공학연맹(IFR)과 공동으로 작성한 연례 보고서를 통해 한국이 1997~1998년의 아시아 금융위기로 인한 판매부진을 극복하고 지난 1999년과 2000년에 산업용 로봇 판매가 각각 70%와 95%의 증가율을 보였다고 말했다.

특히, 일본은 2000년 모든 형태의 산업용 로봇의 판매가 1999년에 비해 32% 증가한 47,000대에 육박했으며, 유럽연합(EU)도 같은 기간에 다목적 산업용 로봇의 판매가 20%가 늘어난 3만대에 근접했다고 밝혔다.

전세계 산업용 로봇 대국 (2000년)

출전) International Federation of Robotics(IFR).

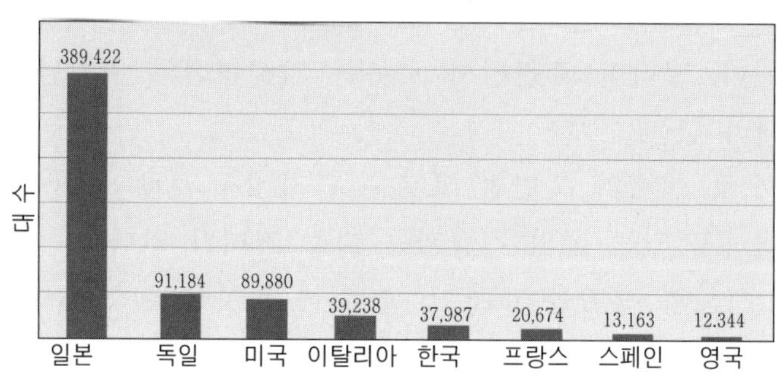

생활 로봇

　로봇산업은 현재 공장 등 산업용 중심에서 애완용 오락 로봇, 환자 간호 로봇, 대화 상대용 로봇 등 생활을 중심으로 하는 퍼스널 로봇으로 발전하고 있다.

　생명공학 기술의 발전으로 인간 수명이 늘어나고 있고, 디지털 기술로 인간의 정서가 메말라가고 있어 퍼스널 로봇의 가능성을 더욱 높여주고 있다. 대체적으로 2005년까지는 로봇기술과 IT가 접목되어 간단한 청소를 수행하는 청소 로봇과 완구 로봇(하이테크 완구) 등이 보다 진화된 형태로 등장하게 될 것이다. 2005년 이후에는 심부름 로봇, 유아상대 로봇, 게임, 스포츠 로봇 등 세부적인 작업기능을 가진 퍼스널 로봇이 등장한다. 2010년이 되면 NT가 본격 접목됨으로써 고도의 지능 로봇이 탄생해 독신자나 고령자들의 대화 상대가 되는 등 퍼스널 로봇이 휴대전화와 같이 일상생활 속에 깊숙이 침투될 것으로 전망된다.

로봇분야의 국제경쟁력 비교

참조) ○ : 경쟁력 있음, △ : 평균 수준, × : 경쟁력 미약

출전) 日本機械工業聯合會·日本ロボット工業會, 2000.5

■ 응용기술

응 용 분 야	미 국 (캐나다 포함)	일 본	유 럽 (로봇 연구가 번창한 국가)
제조업용 로봇(산업용 로봇)	△	○	△
건설 로봇	×	○	×
복지 로봇	△	△	○
의료용 로봇	△	×	×
원자력 로봇	○	△	○
재해 대응 로봇	△	×	△
우주 로봇	○	△	△
엔터테인먼트 로봇	○	○	×
바이오산업용 로봇	△	×	△
농업용 로봇	△	△	○
홈 로봇	×	×	×
서비스 로봇	△	△	△
축산 로봇	△	△	○
해양 로봇	○	△	○
탐사 로봇	○	×	△

■ 요소기술

요 소 기 술	미 국 (캐나다포함)	일 본	유 럽 (로봇연구가 번창한국가)
매니퓰레이션	○	△	△
이동기술(다리)	○	○	△
이동 기술 (Crawler)	△	△	○
이동 기술 (차륜)	△	○	△
다지핸드	○	△	△
원격조작기구·제어	○	△	○
마이크로·나노	△	△	△
시뮬레이션	○	△	○
휴먼인터페이스	○	△	△
지적제어기술	△	△	△
센서기술	○	○	△
시각인식기술	○	○	△
네트워크기술	○	△	△
미디어기술	○	△	△
소프트웨어기술	○	△	○

한 국

투자 계획

퍼스널 로봇개발에 대한 정부의 자금지원 계획이 최근 마련되어 그 윤곽을 드러냈다. 본격적으로 다가올 "로봇시대"를 대비하자는 의미가 담긴 것이다. '산업자원부'는 2001년 12월 차세대 성장 유망 산업으로 각광받고 있는 6개 분야(포스트 PC, 자동차용 음성정보기술, 퍼스널 로봇, 디지털 계측기기, 유기EL, 생체의료기기)를 국책과제로 선정하여 집중 개발하기로 했다.

그 가운데 퍼스널 로봇은 2011년까지 총 674억원(정부 457억원, 민간 217억원)을 들여 「로보틱스연구조합」(http://www.robotics.re.kr/)을 중심으로 "KAIST" 등 18개 기관이 참여해 게임용 로봇, 교육용 로봇, 가사용 로봇 등을 개발할 예정으로 있다.

인공지능과 NT 등의 발전에 힘입어 산업용 로봇과는 그 성격이 다른 청소 로봇, 환자·노약자 보조 로봇 등 개인용도를 목적으로 하는 퍼스널 로봇이 5~10여 년쯤 뒤에는 국내에서도 대중화될 것이라는 것으로 보여진다.

이에 따라 앞으로 가장 앞서 대중화하게 될 휴먼형 로봇은 가정생활 보조용, 완구용, 특정 작업용, 한정된 공간에서의 서비스, 시각 장애인 안내용 등과 같이 분야별로 특화될 것으로 점쳐진다.

🟦 기술 격차

우리나라의 로봇기술은 미국, 일본 등 선진국과 5~8년 정도의 차이가 있는 것으로 '한국과학기술평가원'은 평가하고 있다.

보행기술이 선진국의 60% 수준으로 가장 낮았고, 지능기술과 인간·로봇간 의사소통 기술은 70~80%, 네트워크 기술은 대등한 것으로 나타났다. 그러나 로봇 관련 논문 발표 수는 세계 3~4위로 성장 잠재력은 매우 높았다. 게다가 선진국과 어깨를 나란히 하고 있는 IT 및 그 관련 기술이 접목된다면 그 가능성은 더욱 커질 것으로 기대된다.

🟦 기술 개발

한편, 과학기술부와 과학기술평가원이 근래 마련한 국가지능로봇기술 발전 기본계획(안)에 따르면, 2002년부터 본격적으로 로봇기술 개발에 착수하여 2011년에는 세계 제3위의 로봇 강국을 건설하겠다는 것이 주요 목표이다.

이는 로봇이 산업, 국방, 의료, 개인생활 등을 획기적으로 바꾸게 될 핵심 요소라는 인식에 근거하고 있다.

나아가 18,000억 달러로 추산되는 2010년의 세계 로봇시장에서 경쟁력을 갖추자는 것도 개발전략의 핵심이다.

여기에 그치지 않고 '로봇단지'와 '로봇전문연구소'도 세울 계획으로 있다.

향후 기술 개발은 2002년부터 3단계로 나누어 진행되게 되는데 그

과정을 간단히 소개해 보자(http://www.joins.com/).

> ◗ 제1단계(2002년~2004년)
> 얼굴 및 사물을 알아보는 기술, 평탄하지 않은 곳의 주행기술에 초점이 맞추어진다.
>
> ◗ 제2단계(2005년~2007년)
> 환경이 변하더라도 사물을 식별하는 기술을 포함해 잡음 속에서 말(음성)을 인식하고, 자율 학습기능, 2족 보행기술 등에 초점이 맞추어진다.
>
> ◗ 제3단계(2008년~2011년)
> 사물을 입체적으로 인식하고 언어를 이해하며 인간 행동을 자율적으로 학습하도록 하는 등 고성능 기술을 개발할 계획이다.

주요 휴먼 로봇의 감각 기관

출전) 중앙일보, 2001.10.29

시 각	두 개의 비디오 카메라가 눈을 대신한다. 거리는 별도의 레이저나 극초단파의 전파를 쏘아 판단한다. 이를 통해 장애물을 비켜가기도 한다.
청 각	마이크가 귀 역할을 한다. 그러나 말을 알아듣는 것은 기억장치에 저장된 표준말의 음과 비교해 의미를 파악한다.
촉 각	사람 피부가 힘의 세기를 조절하듯 압력 센서가 손가락, 발 등에 붙는다.
평 형 감 각	평형을 유지하는 세반고리관 역할을 하는 중력센서가 맡는다. 기울어지거나 넘어지면 각도 조정을 통해 똑바로 선다. 춤을 출 때 큰 역할을 한다.

로봇산업의 육성에 대해 정부와 관련 기관이 적극 참여의사를 표명한 것은 매우 긍정적으로 평가할 수 있겠다.

다만 한 가지 우려되는 것은 지난 날 IT나 벤처 등 유망산업에 대한 육성방안을 두고 정부 각 부처간에 지원대책을 남발함으로써 부처 이기주의의 발로라는 비판과 더불어 각종 게이트로 연결되는 등 결과적으로는 변죽만 울린 전력을 떠올리게 된다.

 이번 로봇산업을 둘러싼 정부의 대책만큼은 분명한 비전을 근거로 상호협력과 조율을 통해 100년 대계를 내다본 산업정책이 될 수 있도록 해야 한다.

산업용 로봇 대수 (한국)

출전) International Federation of Robotics(IFR).

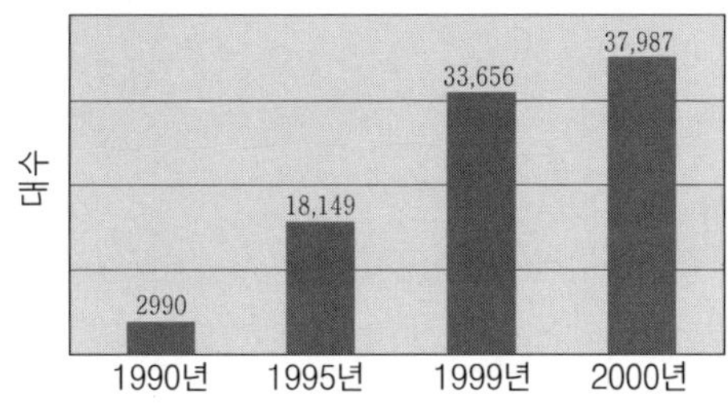

미 국

개발 특징

미국은 로봇 기초기술 분야에서는 세계적 경쟁력을 갖고 있지만 (특히 인공지능), 로봇산업의 주도권(특히 상업부문)은 일본에게 내주고 말았다. 미국의회는 이에 대응하기 위해 최근 지능기계협력 컨소시엄(IMCC)을 조직, 연방정부와 산업계가 향후 5년 동안 1억 달러의 기술개발자금을 지원하기로 했다.

미국 로봇업계는 건설, 농업, 광산, 건강보조 등의 산업용 로봇은 물론 인간을 대신하는 퍼스널 로봇, 영화 촬영용 로봇, 애완동물 로봇, 가사 보조용 로봇, 우주 탐사용 로봇에 이르기까지 다양한 기술개발에 나서고 있다. 앞으로 의료, 극한 환경 등에서 활약하게 될 고가의 특수 로봇 분야에서 두각을 나타낼 것으로 예상된다.

근래 집안 일을 수행하는 로봇이 미국 가정에 도입되고 있다.

로봇을 이용하여 잔디를 깎거나 집안 청소가 가능해짐으로써 대부분의 미국인이 단순 기능의 일상 잡무를 로봇이 수행하는데 대해 매우 호의적이라고 한다. 게다가 지난 2001년 여름 스티븐 스필버그(Steven Spielberg) 감독의 로봇영화 「A.I.」 - 여기에서는 인간의 능력을 뛰어넘는 고도의 기능을 가진 로봇이 등장한다 - 가 공개되어 미국 소비자들에게 로봇의 고정 이미지를 새롭게 인식시키는 계기가 되었다. 이러한 인식변화는 비단 미국에 한정된 얘기만은 아닐 듯 싶다.

미국의 로봇개발은 IT와의 융합이 특징이다.

다시 말해, 로봇이라고 하기보다는 컴퓨터가 보다 진화하여 물리적인 실체를 갖춘 모습이라고 할 수 있다.

"로봇기술은 현실(Real) 세계로부터 얻은 정보를 가상(Virtual)의 세계에서 처리하여 궁극적으로는 현실세계에 되돌려주는 상호작용성을 가진다. 앞으로는 단순한 정보기술을 넘어, 넓은 의미에서의 로봇기술이 도처에서 사용되게 될 것이다"고 하는 시각이 바로 미국의 로봇 동향이라 하겠다.

미국의 로봇 연구중심은 대학이다.

스탠포드대학, MIT, 카네기 멜론대학 등을 중심으로 로봇의 요소기술 연구에서는 세계 최고봉에 달해 있다. 실제로 산업용 로봇은 일본보다 미국이 훨씬 빨리 연구에 착수하여 이미 1961년 GM 공장에서 실용화에 성공하였을 정도다.

🔲 애완동물 로봇

미국기업 "*i-Robot*"은 세계 최초로 인터넷으로 원격조작할 수 있는 「*i-Robot*」을 개발, 지난 2000년부터 판매하고 있다. 경비, 애완동물 돌보기, 보모 모니터링, 고령자 간호 등의 용도로 쓰이고 있다. 이 로봇은 데스크탑 컴퓨터에 맞먹는 기능을 갖고 있어 경우에 따라서 가정에서 컴퓨터로 사용될 수 있는 것이 특징이다. 무엇보다 획기적인 것은 인터넷으로 움직일 수 있다는 것이다(현재는 보편적 기술). 전세계 어디에서라도 로봇을 통해 집 내부의 모습을 바라보고 로봇에게 말을 걸 수도 있다. 가격은 1대 5,000달러이다.

하스브로(Hasbro)사는 2001년 9월 「바이오 메카니컬 버그즈(B.I.O. Mechanical Bugs)」라는 새로운 로봇을 개발하였다. 이 로봇 장난감 바이오 버그즈는 무리를 짓거나 먹거나 싸우거나 도망치거나 할 수 있는 것 외에 자기 스스로 학습도 가능하다고 한다(제Ⅱ부 '애완동물 로봇'을 참고). 현재 40달러로 판매되고 있다.

또 「Tiger Electronics」(http://www.tigertoys.com/)는 2001년 8월 대형 소매점을 통해 AIBO보다 저렴한 로봇 강아지 「i-cybie」를 200달러에 판매하고 있으며 국내에도 수입되어 2001년 9월부터 45만원에 판매되고 있다. i-cybie는 16개의 모터와 정밀한 센서, 원격제어장비 등을 갖춰 스스로 걷고 음성과 손벽 명령에 반응하며 물구나무서기나 팔굽혀펴기와 같은 재주도 부릴 수 있다. 장난감 로봇이 이제 더 이상 장난감이 아니다.

이와 같이 미국기업들도 덩달아 로봇 장난감에 관심을 보이고 있는데, 이는 실제 애완동물의 자리를 대신할 만큼 로봇이 영리해졌고, 무엇보다 비즈니스 가능성이 높다고 판단했기 때문이다.

로봇 「i-cybie」

출전)http://www.tigertoys.com

군사부문 활용

미국의 로봇기술은 여기에 그치지 않는다. 군사부문에서의 응용이다. 미국에서는 군용 로봇 자동차나 비행기에 관한 연구가 활발하다. 적진이나 적의 건물에 로봇을 침투시켜, 정찰정보를 받을 수 있는 소형 로봇의 시작품은 이미 완성한 상태라고 전해진다. 나아가 갑옷과 같은 외부 보호막을 몸에 걸친 사이보그 병사의 연구도 현재 이루어지고 있다.

산업용 로봇 대수 (미국)

출전) International Federation of Robotics(IFR).

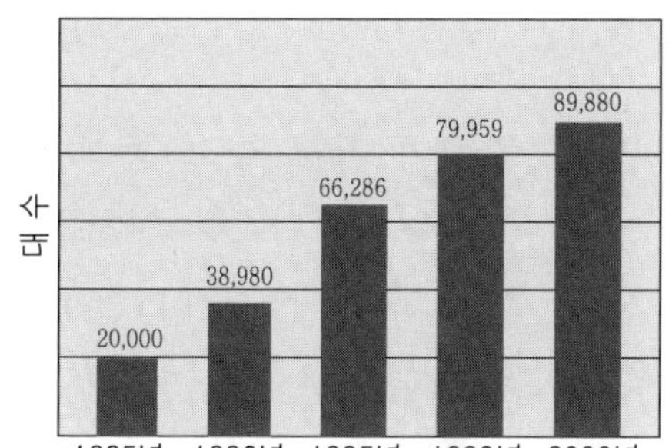

BBC 방송의 지난 4월 보도에 따르면, 미국은 건물을 건너뛰고 자기 상처를 스스로 아물게 하며 총알을 빗나가게 하는가 하면, 투명인간이 되기도 하는 이른바 전장의 로보캅 "로보솔져"를 미래의 병사로 개발하고 있다고 한다.

잘 알려진 바와 같이 현재의 컴퓨터 기술이나 인터넷 기술을 발전시킨 것은 군사부문이었다.

탄도계산에서 시작되어 미사일, 레이저, 유도탄까지 전쟁은 기술을 필요로 하였다. 머지 않아 로봇이 전쟁에 사용될 가능성도 충분히 있다고 전문가들은 경고하고 있다.

일 본

🧊 일본인과 로봇

지구상에서 로봇에 대한 관심이 가장 높고 동시에 로봇산업 또한 세계 최첨단을 달리는 나라가 일본이다. 왜 이처럼 일본이 로봇에 관심과 개발을 집중하고 있는 것일까? "세나 히데아키(瀨名秀明, 2001)"의 「로봇 21세기」에 따르면, "철완 아톰"이 영향을 미쳤다고 하는 일본 내의 속설에 대해 예스(Yes)이기도 하고, 노우(No)이기도 하다는 것이다. 다시 말해, 일본인의 문화관 등이 복잡하게 얽혀 "로봇을 좋아하게 되었다"는 결론을 내리고 있다.

일본 RT의 밑거름 「아톰」

출전)http://www.imagesearch.naver.com

40년에 이르는 로봇 연구자 도쿄공업대학의 "모리마사 히로시(森政弘)" 명예교수는 일본에서 로봇연구가 번성하게 된 이유를 이렇게 지적한다.

"일본에는 사람과 물건을 대립시키지 않고, 협조시키는 전통이 있다. 사람은 물건을 살리고(활용) 물건은 사람을 기른다(성숙). 로봇이 동료라고 하는 발상은 서양에 없다"는 것이 그의 지론이다.

실제로 일본은 세계에서도 가장 앞선 산업용 로봇대국이다. 2000년 현재, 전세계에 설치되어 있는 산업용 로봇의 총수는 약 749,779대이며, 그 가운데 절반을 차지하는 389,442대가 일본 내에 존재하고 있다는 사실만으로도 입증되고 있다. 이러한 가운데 일본은 이제 산업용 로봇 부문에 편중된 테크놀러지를 퍼스널 로봇 부문으로 급속히 타깃을 이동시키고 있다.

시장 규모

일본 경제산업성이 실시한 성장산업의 시장 예측조사에 따르면, 2010년까지 수요확대가 가장 기대되는 성장업종은 로봇산업이라는 결과가 나왔다.

고령화 사회의 도래와 서비스산업의 발전으로 인해 가정용과 간호·복지분야에서 로봇의 수요가 급속히 확대될 것으로 보여져, 2000년까지 5,000억엔에 지나지 않았던 일본 내 로봇시장은 2010년에는 약 8조엔 달하여 리딩산업(Leading Industry)으로 부각된다는 것이다.

로봇산업의 종사자 역시 2000년 8,100명에서 2010년에는 18만명까지 늘어날 것으로 "일본로봇공업회"는 추산하고 있다.

나아가 지금까지의 로봇개념에 머무르지 않고 「로봇기술을 활용해 현실세계에서 작동기능을 가진 지능화 시스템」까지를 대상으로 하고 있으며, 그러한 로봇기술 전체를 「RT(Robot Technology)」로 칭하고, 비제조업 분야까지 포함된 광범위한 사회 니즈(Needs)에 대응하는 「솔루션 비즈니스」(Solution Business)로 로봇산업을 추진한다는 계획이다.

일본 로봇산업 수요

출전) http://www.human-media.or.jp/

구분	년도	1990년		1995년		2000년		2005년		2010년	
		억엔	%	억엔	%	억엔	%	억엔	%	억엔	%
산업용	제조업	4,397	99	3,300	94	5,600	69	9,500	57	14,455	40
	비제조업	64	1	220	6	2,300	28	5,400	32	9,900	28
비산업용		0	0	0	0	250	3	1,760	11	11,600	32
합 계		4,461	100	3,550	100	8,150	100	16,600	100	35,955	100

🟦 신규 시장

경제산업성은 로봇 수요를 환기시키기 위한 일환으로 2002년부터 「21세기 로봇 챌린지 이니시어티브」라고 붙여진 연구개발 프로젝트를 산업계·학계·관계와 제휴하여 출범시키게 된다. IT 관련산업과 자동차산업 등 이업종을 포함해 독자적인 새로운 산업군을 형성, 일본 내의 심각한 산업공동화 우려를 불식시킨다는 계획이다.

이미 일본은 고유의 요소부품기술과 전자기술을 살려 산업용 로봇 기술분야와 오락산업의 강점을 살려 퍼스널 로봇분야의 세계 선두주자가 되었다. 이제는 극한 환경 아래의 작업용 로봇, 휴먼형 로봇개발 등 신규시장 창출을 위한 기술개발에도 적극적으로 나서고 있다. 현재 산업현장에서 부분적으로 사용되고 있는 로봇을 일상생활에서 쉽게 사용할 수 있도록 하기 위해 377억달러 규모의 "휴먼로

이드 로봇 프로젝트(HRP)"를 추진하고 있다.

소니, 혼다, NEC, 마쯔시타, 미쯔비시, 오무론 등 수많은 기업들이 퍼스널 로봇시장에 대한 공략을 가속화하고 있다. 이 가운데 소니와 혼다, NEC는 일본 로봇메이커 "Big3"로 불리고 있다.

소니는 지난 1999년 선보인 애완동물 로봇 「AIBO」시리즈를 계속적으로 시장에 내놓아 세계 엔터테인먼트 로봇을 주도하고 있다.

혼다의 「ASIMO」는 사람처럼 2족 직립 보행하는 메커니즘과 제어 기술이 돋보이는 제품이며 2002년 월드컵에서 시구할 예정이다.

NEC의 "R100"와 "PaPeRo"는 가정 내 디지털 정보가전과 연계되는 홈 네트워킹 기능에 초점을 맞추고 있다. 그 외에도 반다이(Bandai), 타카라(Takara), 토미(TOMY) 등 완구메이커도 완구 로봇을 선보이고 있다.

산업용 로봇 대수 (일본)

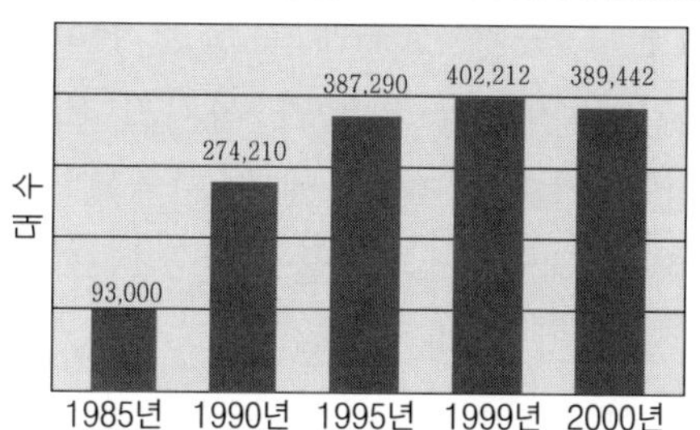

일본로봇공업회는 2010년이 되면 퍼스널 로봇 수요가 급증, 향후 로봇 시장을 주도할 것으로 관측하고 있다. 2010년경 일본의 퍼스널 로봇 시장은 1조 1,600여 억엔 규모로 성장할 전망이며, 이 가운데 가정용 수요가 3,504여 억엔에 달할 것으로 예상되는데 청소, 경비, 설거지, 세차, 요리 로봇 등의 수요가 많을 것으로 내다보고 있다.

유 럽

유럽인과 로봇

크리스트교에서 사람은 신의 모습을 닮아있다고 한다. 때문에 그 인간을 모방하는 기계는 유럽에서 종교적인 반감을 부르는 경향이 있다. 게다가 산업용 로봇의 경우에도 노동자로부터 일자리를 빼앗는 기계라고 인식되어 미움을 받았던 시기가 있었다. 이는 로봇 연구개발처럼 추구하는 기술은 다른 세계(지역)와 동일할지라도 종교나 문화, 역사에 따라 궁극적 피조물이나 그 표현방식은 서로 다르다는 것을 인식할 필요가 있다.

유럽의 문화는 정신과 육체의 이원론(二元論)이 그 근간을 이루고 있다. 따라서 유럽인들에게 휴먼형 로봇은 프랑켄슈타인(Frankenstein)과 같이 "정신이 없는 육체"를 연상시킨다. 20년 후 인조인간을 둘러싸고 심각한 윤리, 도덕 논쟁이 일어날 것이라는 것이 유럽 전문가들의 지적이다. 이러한 분위기 때문에 유럽에서는 인간이나 생물의 외관을 로봇 모델로 하는 것이 아니라, 차라리 가구나 가전제품처럼 가정과 융합된 로봇을 목표로 하고 있다. 다시 말해, 보이지 않는 로봇을 추구하고 있는 것이다.

기능 추구

세계 유력 자동차메이커 가운데 하나인 다임러 크라이슬러 (Daimler Chrysler)는 1999년 말 자율 로봇 "클레버(Clever)"를 완성시켰다. "커피 가져와!"라고 명령을 내리면 컵을 식별하고 기계로부터 커피를 따라 사람에게 내민다. 예상대로 그 클레버의 외관은 기계다.

이처럼 유럽은 형태보다 로봇의 기능에 주목한다고 볼 수 있다. 자동차의 자동운전이나 우주 로봇 등의 개발에 힘을 쏟고 있지만, 사람의 모습을 빼 닮은 휴먼형 로봇은 추구하고 있지 않다.

이러한 특성은 문화의 차이에다 특히 기능 중시의 가치관이 뚜렷하기 때문이기도 하다. 인간은 무수한 센서와 스스로 에너지를 축적하면서 오랜 기간의 진화 과정 속에서 환경에 가장 효율적인 두뇌와 몸을 손에 넣었다. 때문에 로봇 역시 단시일에 정점을 목표로 하는 것은 곤란하다. 하나씩 기술을 실용화하는 것이 좋다는 것이 유럽의 로봇관이다. 지난 2000년 가을 스톡홀름에서는 로봇국제회의가 열렸었다. 이 회의에 참석한 로봇 연구자들이 일치한 것은, "장래의 로봇은 로봇처럼 보이지 않는다"고 하는 것이었다. 이러한 사고에서도 분명 우리나라와 일본 등에서 추구하는 로봇의 이미지와는 상당한 차이가 있음을 느낄 수 있다.

산업용 로봇 대수

출전) International Federation of Robotics(IFR).

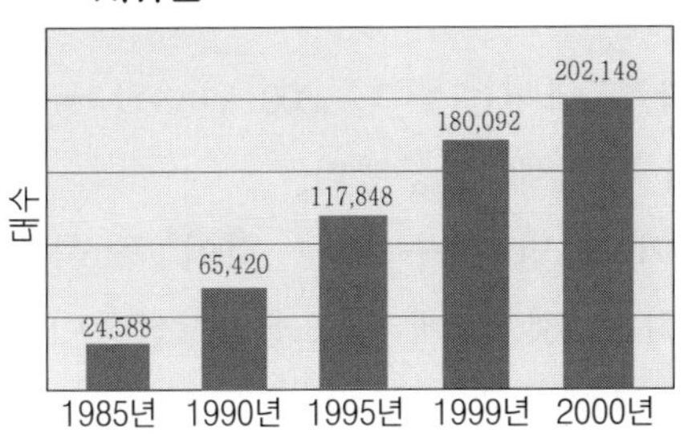

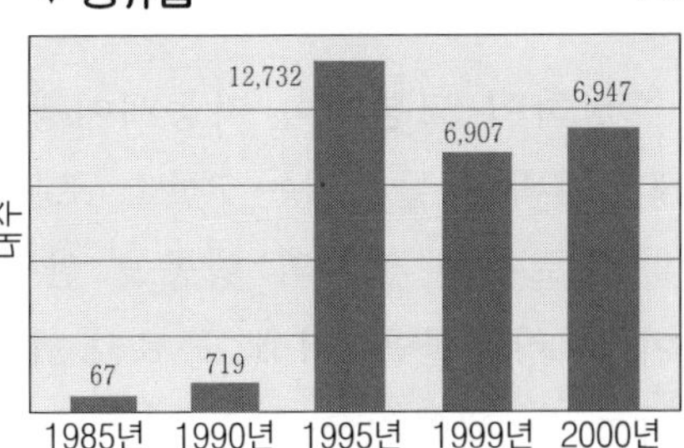

중 국

중국의 WTO 가입은 떠오르는 거인의 미래위상을 전세계에 또 한번 각인시키는 계기가 되었다. 그 위상에 걸맞게 새로운 산업 특히 로봇산업에도 적극적인 것으로 전해지고 있다. 15억 거대인구 가운데 부유층이 5천만명, 우수한 인재풀이 5천만명 존재할 만큼 중국의 잠재력은 엄청나다. 달리 표현하면 그에 해당하는 수요와 기술이 새로운 비즈니스나 산업을 지탱할 수 있다는 의미다.

중국의 로봇 테크놀러지나 산업에 관해서는 구체적인 데이터를 갖지 못해 「인민일보(人民日報)」(http://people.com.cn/)에 소개된 기사(사례)를 통해 개략적인 동향만 살펴도록 하자.

■ 청소 로봇

"상하이 교통대학 자동제어장치학부"에서는 지난 2001년 3월 국가 863 계획에 들어있는 "청소 로봇"의 개발에 성공했다.

이 로봇은 사람의 행동을 완전하게 모방할 수 있는 것이 큰 특징이다. 장애물을 피해 동료와 협력하는 것 외에 목표물의 선택이나 이동 등 제어기술 상의 과제를 충족시켰다고 전한다.

2족 보행 로봇

중국 속에서도 로봇연구가 가장 활발한 것으로 알려진 "하얼빈 공업대학"은 2001년 3월, 2족 보행 로봇 「HIT-3」의 개발에 성공하였다고 발표했다.

몸체와 발 부분에는 3D 센서가 장착되어 있으며 발 뒤에도 센서가 탑재되어 가사, 의학, 군사과학연구 등의 분야에 널리 응용 가능하다고 한다.

출전)
http://people.com.cn/

칼라 식별 로봇

흑과 백의 2가지 칼라를 정확히 식별할 수 있는 로봇을 하얼빈에서 2001년 5월 개발하였다. 로봇의 머리부분에는 인간의 눈과 흡사한 반사장치가 설치되어 "흑(黑)은 적외선을 흡수하고, 백(白)은 적외선을 반사하는" 원리를 이용하여 흑과 백의 식별을 가능하게 하였다. 그 외에 움직일 수도 있다고 한다. 아래 사진은 흑의 궤도를 식별하고 그 궤도에 따라 움직이는 로봇의 모습이다.

최초의 휴먼형 로봇

"장사(長沙) 국방과학기술대학"에서는 2000년 11월, 중국이 독자 개발한 휴먼형 로봇이 발표되었다.

이 로봇의 겉모습만이 아니라 기본적인 동작과 보행자세 등도 인간과 흡사하다.

이 로봇은 「선행자(선구자)」라 이름지어져 신장 1.4m, 중량 20kg의 사이즈다. 머리, 눈, 목, 동체 외에도 양손이 모두 갖추어져 있으며, 어느 정도 언어를 이해할 수도 있다. 국방과학기술대학이 지난 1990년에 개발한 중국 최초의 2족 보행 로봇과 비교하여 이번에 제작된 로봇은 기술적으로 대단히 진보된 것이었다.

이를테면, 1990년 모델은 평평한 지면에서만 보행이 가능하였으나, 이번 모델은 자유자재로 움직일 수가 있다. 또 1990년 모델은 이미 인식한 조건 아래에서만 움직일 수 있었으나, 이번 모델에서는 단차가 있는 곳과 불확정 장소에서도 보행할 수가 있다.

또한 스피드 역시 6초에 한 걸음씩 옮기던 것을 1초에 두 걸음씩 옮길 정도로 진화했다.

출전)http://j.people.com.cn/

그 외 하얼빈 공업대학이 개발한 전신에 19개 관절을 가지고 있는 휴먼형 로봇 「哈力」은, 음악에 맞추어 인간처럼 우아하게 지휘를 할 수 있다(2001년 개발).

몸체와 양팔을 자유롭게 움직일 수 있을 뿐 아니라 포옹을 할 수 있고 머리를 흔들 수도 있다.

출전)http://j.peopledaily.com.cn

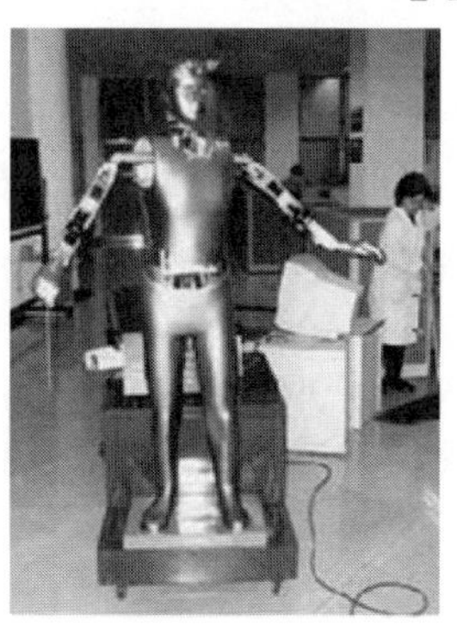

정책의 기본 방안

일본 경제산업성이 마련한 「로봇산업에 관한 정책의 기본 방안 - 21세기 로봇 챌린지, 2001.7」를 요약 · 정리해보자.

다음의 보고서를 통해 다가올 로봇사회에 대한 일본의 비전과 추진력(지원대책, 협력방안)을 엿볼 수 있으며, 아울러 우리 정부나 관련 기관, 기업들이 장래 어떤 부문에 초점을 맞추어야 할지 알 수 있다.

▶ 배 경

일본은 로봇의 요소기술인 센서기술, 시각인식기술, 기구설계기술 등의 분야에 높은 기술력을 가지고 있다. 그럼에도 응용분야는 생산현장에서 사용되는 로봇이나 오락용 로봇 등 일부에 한정되어 있으며, 산업화까지 이어진 것은 그다지 없다. 이처럼 요소기술의 응용분야가 확대되지 못하는 이유는 기술개발을 수행하는 연구자 · 기술자가 "Seeds"지향이지 진정한 "Needs"에 근거한 연구개발이 적다는 점과, 종전 로봇산업에 관여하고 있던 기업이 신규 분야에 대한 의욕이 적다는 점 등이 그 원인이다.

로봇을 「외부(내부) 환경을 파악하고 수집된 정보에 근거하여 적당한 물리적 동작을 행하는 기계 시스템」이라 정의한다면, 이미 "로봇"은 가정생활(전자동 세탁기 등), 공공장소(자동도어 등), 산업활동(매니퓰레이터 등)을 비롯한 다양한 장소에서 다양한 기능을 제공하고 있는 셈이다. 한편, 오늘날의 기술혁신은 이른바 휴먼형 로봇의 실현 · 응용 가능성을 고조시키고 있으며, 일반인들 사이에서도 새로운 응용분야에 대한 기대감(의료, 복지, 개호, 재해방지, 구조, 오락 등)이 높아가고 있다.

로봇은 의료 · 복지, 위험한 작업 대행, 인간이 행할 수 없는 장소에서의 작업, 오락 등 여전히 성장 가능성이 충분한 기술분야다.

"일본로봇공업회"에 따르면, 2010년에는 약 3조엔, 2025년에는 약 8조엔의 시장 규모가 기대되는 등 우수한 아이디어를 활용하여 독창적인 제품군이 계속적으로 배출, 시장이 엄청나게 확대될 가능성이 있다. 그러나 현재 산업용 로봇 분야를 제외한 새로운 로봇 응용분야로 기대를 모으고 있는 것은 의료 · 복지용 로봇과 재해대책 등 극한 환경 아래에서의 작업용 로봇, 가정생활에서 활용될 로봇 등으로 세계적으로도 그 개발 · 응용이 진전되지 않은 상태다.

이러한 상황 아래 일본은 이미 산업용 로봇 분야에서 세계적으로 가장 앞선 기술적 축적을 쌓아왔을 뿐 만 아니라 세계적으로도 최상위 수준의 연구개발 능력과 그로부터 파생된 성과를 구현하는 하드웨어 · 소프트웨어 부문의 산업군이 발달해 향후 로봇산업의 발달에 많은 기여를 할 것이다.

장래는 로봇산업의 발전단계에 맞추어 연구개발에서 실제 로봇 활용에 이르는 폭넓고 체계적인 정책을 추진함으로써 새로운 응용분야에서 로봇산업이 일본의 기간산업의 하나로 성장하도록 추진해야 한다.

▶ 정책의 방향

로봇 기술개발의 경우 대학 등에서 개발된 기반적 기술이 실제로 상용 로봇에 응용되는 경우가 드물다는 문제가 지적되고 있다.

또 이미 일본 내에 존재하는 산업용 로봇메이커가 신규 로봇산업에 진출하지 않는 배경에는 다음과 같은 문제가 존재한다.

① 로봇의 응용 니즈가 불명확하여 향후의 시장 규모를 알 수 없다.

② 현행 법률과 안전 기준 등이 로봇의 활동을 전제로 하고 있지 않으며, 인간과 동일한 공간에서 활동하게 될 로봇의 상용화에는 제도적 장애가 크다.

이 때문에 구체적인 응용분야를 염두에 둔 실용 수준에 가까운 로봇기술과 그 시스템 개발, 다양한 로봇개발의 기반이 되는 요소기술의 개발, 새로운 로봇의 응용분야에 도전하는 벤처 비즈니스 지원, 높은 수준의 연구와 첨단 응용분야의 개척을 실현하는 물리적인 연구 인프라스트럭처 충실, 사회에서 로봇의 원활한 활용을 위한 제도 · 구조의 정비와 같은 사회 시스템 구축 등을 산학관(産學官)이 가진 잠재력을 충분히 활용하면서 공동으로 추진해야한다.

구체적으로 '로봇의 응용과 관계되는 구체적인 국민의 니즈 파악', '응용실증지원', '요소기술 개발', '로봇의 보급을 위한 제도', '개발 인프라스트럭처의 충실' 등을 종합적으로 수행하여 로봇의 실용화와 수요 환기를 추진해야 한다.

1. 로봇 응용에 관한 아이디어 발굴

로봇 관련 기업 및 로봇산업에 대한 신규 진입 기업이 산업용 이외의 신규 로봇산업에 진입하기 어려운 배경에는 일반인들의 로봇에 대한 니즈가 분명하지 않다는 것이

원인이다. 나아가 현재의 로봇 기술로 어떤 로봇이 실현 가능한지 또는 기능을 실현하기 위해 필요한 기술은 무엇인지 명확하지 않다는 점이다.

2. 로봇 개발지원

1) 실용화 지원

응모한 로봇의 응용 아이디어 가운데 주변의 기술개발을 통해 실현 가능성이 있는 것(경제 파급효과가 큰 것, 공공적 응용의 성격이 강한 것 등)에 대해서는 실제 응용을 염두에 두고서 연구개발을 추진한다.

로봇의 응용분야를 크게 나누면 다음과 같다.

① 인간의 대체

　　▷ 위험한 작업을 수행한다(재해 현장에서의 구조작업 등).

　　▷ 효율적 또는 실수 없이 작업을 수행한다(제조공정의 자동화 등).

　　▷ 인간이 좋아하지 않는 작업을 행한다(폐기물의 분류 등).

② 인간이 할 수 없는 것을 행한다(좁은 공간 등에서의 작업).

③ 인간의 동작 · 작업을 지원한다(모빌 셔츠 등).

④ 위에 해당되지 않는 전혀 새로운 로봇의 응용분야(위안 효과와 간호 등)에서 활용된다.

이상과 같이 분류함으로써 선도적이며 동시에 기술적으로 파급효과가 높은 구체적인 응용 사례를 설정하여 집중적인 자원 배분과 산학관의 개발자 측과 사용자 측과의 지혜를 결집하여 새로운 응용분야를 개척한다.

구체적인 응용분야의 사례로서는 다음과 같다.

① 재해구조 로봇

② 사고를 일으키지 않는 자동차

③ 전자동 다리미

④ 휠체어

⑤ 인체 장착 모빌 셔츠

⑥ 유아를 돌보는 로봇

2) 요소기술 개발 지원

고도의 로봇을 개발하는데 중대한 장애가 되고 있는 요소기술에 대해 개발 지원을 아끼지 않는다. 구체적으로는 센서 관계기술, 지식정보처리, 동작제어기술, 동작기구, 실용화 기술 등에 관한 기술개발을 제안 공모 형태로 추진한다.

① 센서인지 · 판단관련기술

   ▷센서기술(예를 들면 超高分解能視覺, 초고감도음 · 냄새 센서, 생명반응센서)
   ▷센서탑재기술(능동내시경 등)
   ▷실세계정보의 분석 · 이해기술
   ▷위험상황파악 및 경고기술 등

② 제어관련기술

   ▷부정지(不整地) · 장애물탑파(踏破)기술
   ▷통신망, GPS 등을 활용한 반자율 운전기술
   ▷행동계획지능
   ▷안정주행기술
   ▷원격조작기술
   ▷자동정보축적시스템
   ▷학습 · 판단기능실현기술
   ▷통신지연보상 실시간 원격제어기술
   ▷분산기능의 분산협조제어기술
   ▷인체장착형 파워 어시스트 제어기구
   ▷인간—로봇, 로봇—로봇 협조작업 제어기술 등

③ 기구설계 · 구축관련기술

   ▷고기능 · 대출력 · 다자유도 액츄에이터 개발
   ▷소 액츄에이터 기능설계기술
   ▷다리 · 차륜 하드웨어 설계기술
   ▷배터리 고밀도화 기술
   ▷구조부재의 경량화 기술
   ▷인간에 대한 정보제시기술 · 휴먼 인터페이스 기술
   ▷인간에 친근한 기술
   ▷이동이 제한된 사용자를 대상으로 휴먼 인터페이스 등

④ 실용화 기술

> 내성표준규격 · 시험기술
> 안전기준에 관한 표준기술
> 사용자의 안전성 확보기술
> 제어 소프트웨어 신뢰성 검증기술
> 인간의 지속적인 관심을 유도하는 행동요소에 관한 연구
> 유저 모델 생성과 적응화 기술 등

3. 로봇 응용을 지원하는 제어 정비

로봇 보급을 위해서는 혁신적인 기술진보(Breakthrough)가 필요할 뿐만 아니라 사회가 로봇을 친근히 받아들이기 쉬운 제도 정비가 이루어지지 않으면 로봇의 수요 증가는 기대할 수 없다.

그 때문에 다음과 같은 제도 정비를 추진할 필요가 있다.

로봇에 대한 회계 · 세무처리 상의 기준, 로봇 안전기준, 로봇 사용 등에 관한 국제표준 등을 정함으로써 로봇을 새로운 분야에 보급하기 위한 기반 정비를 추진한다.

법률, 사회제도 등을 통해 로봇 사용이 제한될 가능성이 있는 분야(의료, 복지, 간호보험 등에서의 취급, 에너지 관계 등)에 대해 로봇이 활용되도록 제도 정비를 꾀한다. 예를 들면 다음과 같다.

① 안전기준의 책정
② 활용 실태에 따른 상각 연수의 설정
③ 로봇 활용에 제약이 되는 관련 법규의 정비 · 개선

4. 개발 인프라스트럭처 충실

로봇은 센서와 액츄에이터 등의 조합을 통해 성립되지만, 그 개발을 위해서는 각 요소마다 고도의 지식과 연구개발이 필요불가결하며, 또한 로봇 특유의 설계에 관한 지식과 응용실험이 필요하다. 이 때문에 대학, 국립연구소 등을 중심으로 로봇에 관한 연구시설정비를 추진하는 것이 중요하다.
또 실천적인 로봇 설계 · 가공 기술습득이 가능한 커리큘럼의 구축과 학과 정비를 추진한다.

5. 장래 과제와 정책

장래 로봇산업이 발전하여 상업 부문으로까지 로봇이 보급되기 시작하는 시점에서는
그 발전 단계에 맞추어 로봇산업의 시장 확대를 뒷받침할 수 있는 정책이 추진되어야
한다.

1) 관공소 수요를 통한 로봇 수요 환기

산업의 여명기와 같이 시장이 미성숙한 경우에는 행정 자치단체가 구매 주체가 되어
로봇의 시장 성숙을 도와주는 것이 중요하다. 병원과 공공기관, 시청, 구청, 동사무소
등의 공익성이 높은 분야에서 로봇 활용을 검토한다.

2) 로봇에 대한 퍼블릭 억셉턴스(Public Acceptance)의 양성

로봇이 사회에 침투하여 인간과 동일한 공간에서 활동하기 위해서는 사회 전체적으
로 로봇에 대한 이해를 모색해야 한다. 자동차의 교통 매너처럼 로봇의 활동 매너나
로봇의 기본 수칙 등의 정비와 아울러 홍보가 필요하다.

21세기 로봇 챌린지

출전) http:www.meti.go.jp/

생쥐로봇

미국 과학자들이 리모컨으로 원격조종이 가능한 "생체 로봇 쥐" 실험에 성공했다고 영국의 과학잡지 네이처(Nature)가 지난 5월초 보도했다.

일명 "랫봇(Ratbot: 생쥐 로봇)"으로 불리는 이 로봇 쥐는 500m 떨어진 곳에서도 조종할 수 있어 앞으로 건물 붕괴현장의 생존자 수색 및 구조, 지뢰탐지와 같은 위험한 작업에 활용될 것으로 보인다.

뉴욕주립대 생리학 연구팀은 생쥐 5마리의 뇌에서 정상적인 조건반사 기능을 제거한 뒤 뇌 속의 흥분신경에 해당하는 부위인 내측전뇌속(內側前腦束)과 좌우 수염의 움직임을 감지하는 부위 3곳에 자극용 전극(電極)을 심었다.

조종자가 오른쪽 수염의 움직임을 감지하는 부위에 심어둔 전극을 자극할 경우 쥐는 오른쪽 수염이 움직이는 느낌을 받게 된다. 이때 쥐가 실제로 오른쪽으로 움직일 경우에만 쾌감을 느낄 수 있도록 자극을 제공했다.

이런 훈련을 반복한 결과 쥐들은 음식이나 소리 같은 조건반사 요인 없이도 파이프와 암벽, 높은 통로는 물론이고 보통 쥐들이 싫어하는 밝고 넓은 공간에서도 조종자들이 시키는 대로 정확하게 움직이게 됐다(중앙일보, 2002.5.3).

그러나 학계 등에서는 뇌의 감각 기능을 자극해서 생쥐를 컨트롤하는 것은 새로운 이론이 아닐 뿐 아니라 생쥐 대신에 인간이 생체 로봇의 실험대상이 될 수 있다는 우려가 동시에 제기되고 있기도 하다.

로봇의 실제 ②

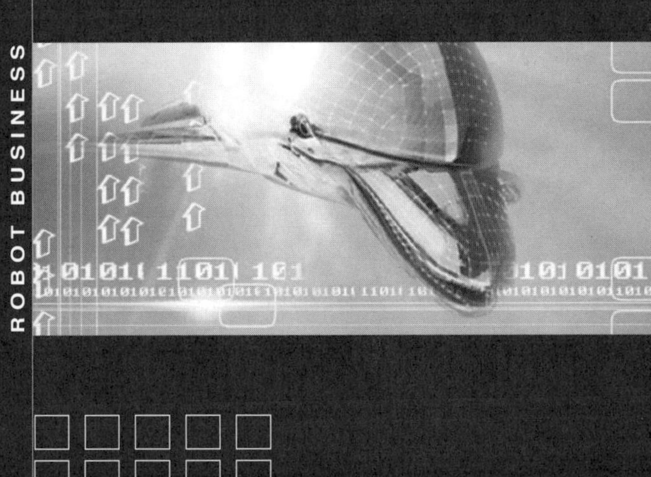

2

1 휴먼 로봇

직립 보행 로봇 「ASIMO」

현재 지구상에서 가장 인간에 근접한 모습과 완벽한 2족 직립보행 기능을 갖춘 로봇에는 어떤 것이 있을까? 적어도 여기에 대한 대답 만큼은 주저할 필요가 없다. 혼다(Honda)가 개발한 휴먼형 로봇 「ASIMO」는 지금까지 발표된 로봇 가운데 인간에 가장 근접한 형태 나 움직임을 하고 있는 것으로 유명하다.

먼저, "ASIMO"라고 하는 것은 "Advanced Step in Innovative Mobility"의 약자로 새로운 시대로 진화하여 혁신적으로 동작한다는 것을 의미하고 있다. 혼다는 잘 알려진 바와 같이 2륜 오토바이나 4 륜 자동차 개발을 중심으로 하고 있는 기업이지만, 「보행」분야에도 타깃을 맞추어 15년여에 걸쳐 자율적으로 보행하는 인간형태의 로 봇 개발에도 힘을 쏟아왔다. ASIMO는 혼다가 1986년부터 시작한 2 족 주행 로봇의 세 번째 시제품(Prototype)이다. 신장은 120cm 체중 은 43kg으로 초등학생이 책가방을 등에 멘 모습을 하고 있다.

1986년 한 보폭을 움직이는 데 5초가 소요되었던 제1대 로봇 "E0(Experimental Model 0)"을 시작으로 E0-E1-E2-E3-E4-E5-E6, 그 리고 P1-P2-P3(Prototype Model 1, 2, 3)을 거쳐 이번에 ASIMO가 탄생하게 된 것이다. 보행속도에서는 E이 0.25km/h, E2 1.2km/h, E3

3.0km/h, E4 4.7km/h로 사람의 보행속도와 거의 동일한 속도가 되었다. 게다가 현재 제11대 로봇에 해당하는 ASIMO는 자신의 체중을 P3의 1/3까지 줄여 인간의 형태나 동작과 더욱 가까워졌다는 평가를 받고 있다.

「ASIMO」의 모습

또한 ASIMO는 인간의 생활공간 속에 적응할 수 있도록 정교하면서도 친밀감을 느낄 수 있는 디자인이 그 특징이라 할 수 있다.

그와 함께 2족 직립보행이 너무나 자연스러우며, 5개의 손가락이 서로 독립하여 움직인다는 점도 큰 특징이다. 이 때문에 악수와 같은 미묘한 손의 움직임도 재현해 빌 수 있다.

다시 말해, 인간의 생활주변에서 일어나는 여러 가지 형태의 작업이 가능할 수 있도록 설계되어, 전등 스위치를 끈다든지, 도어 손잡이를 잡고 열고 닫거나, 주방에서 여러 가지 작업을 돕거나 하는 다양한 동작이 가능하다.

또 종래의 보행 로봇들은 보행 중 방향을 바꿀 때에는 일단 정지

한 다음 각도를 바꾸고, 다시 보행을 계속하는 수준인 반면, ASIMO
의 경우는 빠른 속도로 걸어가다가 서지 않고 곧바로 방향을 바꿀
수 있다. 가령 인이 뛰어가다가 급하게 모서리를 꺾어 돌 경우, 모서
리 전방에서 미리 자신이 방향을 바꿀 것이라는 것을 염두에 두기
때문에 본능적으로 신체의 무게 중심을 모서리 방향으로 이동시킨
다. ASIMO는 이것이 가능한 것이다.

　　ASIMO의 이러한 움직임은 종래의 보행제어기술에 예측운동제어
라고 하는 다음 동작을 미리 예측하여 중심을 이동시키는 시스템을
부가함으로써 실현된 것이다. 이를 가리켜 「i-WALK(Intelligent Rea-
ltime Flexible Walking)」기술이라 불리고 있다.

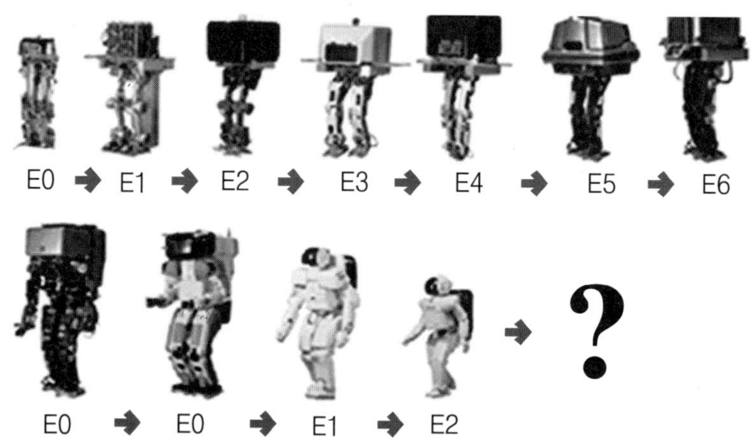

　　게다가 지난 2001년 11월에는 ASIMO의 신형을 발표했다.

　　이는 2000년 11월에 발표한 ASIMO의 기능을 더욱 진화시켜 렌탈
사업용 버전으로 개발한 것으로, 보행성능 향상과 음성을 통한 동작
명령대응 등 기능 향상이 부가되었다.

예측에 근거하는 리얼타임 보행제어기술 "*i*-WALK"를 2차원의 평지 보행만이 아니라 계단이나 경사면 등 높낮이의 단차가 있는 3차원 이동시에도 적용시켰다. 또 출발지점과 종료지점 사이의 중계 지점을 지정해 두면, 경로에서 이탈하지 않도록 한 발씩 내디딜 때마다 착지 위치와 방향을 수정, 자율적으로 궤도를 생성하면서 보다 효율적으로 이동할 수 있게 되었다.

이와 같이 자유자재로 이동할 수 있는 기능이 더욱 보강되어 사용자(User)의 요구에 부합하는 전용 동작이나 안내, 설명 등의 컨텐츠를 부여할 수 있게 됨으로써 실용성은 한층 향상되었다.

전용 CPU 탑재로 팔이나 손, 이동지시를 음성을 통해서도 지시할 수 있게 되었다. 음원(音源)의 방향탐지도 가능하고 지시를 내린 사람을 향해 몸체를 돌려 대응한다.

ASIMO의 렌탈요금은 하루에 약 200만엔이며, 1년 동안 장기계약의 경우는 약 2,000만엔(약 2억원)이라고 한다. 실제로 ASIMO는 2002년 1월 13일 입사식을 거쳐 '일본과학미래관'의 "해설자"로서 정식으로 채용되었다. "귀하를 상근직원으로 채용하며, 특별 근무수당으로 전기를 수여한다"는 내용의 사령장도 전달받았다. 연수(파견료)는 2,000만엔으로 간부 직원의 급료에 해당하는 대우다.

해설자 「ASIMO」

출전) http://www.miraikan.jst.go.jp/

🔷 랜탈 사업용 ASIMO

혼다의 ASIMO 개발 관련자는 14년 전 어느 날 상사로부터 "철완 아톰을 만들어라"는 지시를 받았다고 한다. 동물원에 다니면서 기린이나 하마 다리의 움직임을 관찰하고 보행 실험을 반복했다.

많은 기술자가 단념하는 가운데 "사람에게 도움을 줄 수 있는 휴면형 로봇"에 집착했다. 마침내 개발자의 끊임없는 노력이 결실을 맺어 2001년 4월 ASIMO를 박물관이나 과학관 등에 유료로 대출하여 비즈니스로 첫 발을 내딛게 된 것이다.

이러한 과정을 거쳐 탄생된 렌탈 사업용 ASIMO의 특징을 보다 자세히 소개하기로 하자(http://www.honda.co.jp/news/2001/c011112.html).

🔘 자유로운 보행 기술 향상

■ 3차원 보행 실현

ASIMO의 최대 특징 가운데 하나인 다음 단계의 움직임을 예측해 리얼타임으로 자유롭게 보행을 제어하는 「*i*-WEEK」기술을 2차원의 평지 보행뿐만 아니라 계단이나 경사면 등의 3차원에도 적용, 확대하였다

이 기술의 실현으로 인해 불규칙적인 형상이나 길게 이어진 계단 오르내리기, 한 걸음마다 자세가 바뀌는 경사면 위에서의 선회도 가능해져 더욱 자유로운 보행이 가능해 졌다.

지난 2000년 이후 휴면형 2족 보행 로봇이 연이어 탄생하고 있으나, 안정된 2족 보행을 달성한 것은 세계적으로도 ASIMO와 소니의 SDR-3X 정도라고 평가할 수 있겠다.

■ 미끄러운 경로 이동 실현

출발지점과 종료지점 및 복수의 중계지점을 대략적으로만 설정해두면, 그 경로에서 이탈하지 않도록 한 걸음마다 착지 위치와 방향을 수정하고 자율적으로 궤도를 생성하면서 효과적으로 이동할 수 있다. 게다가 플로어(복도)면의 마크

를 인식할 수 있는 마크 인식센서를 갖추어 장거리 이동시에 발생하는 위치 오차를 교정할 수 있게 되었으며, 이로 인해 순회이동 등의 자율이동 업무가 가능해졌다.

계단을 내려가는 「ASIMO」

출전) http://www.mainichi.co.jp/

◐ 휴먼 인터페이스 향상

■주변 시스템 간소화

ASIMO의 조작과 동작을 모니터하고 있던 워크스테이션을 소형 노트북 컴퓨터에 옮겨놓음과 동시에 종전엔 외부에서 행하였던 음성 처리부를 ASIMO 본체에 내장함으로써 시스템이 전체적으로 간소화되었다.

■편리한 조작

종래는 기동 시에 각부의 위치조정과 센서신호 등의 확인 작업이 필요하였으나, 자동조정시스템을 채용함으로써 간단하게 ASIMO를 기동, 조작하는 것이 가능해졌다.

「ASIMO」의 다양한 동작

출전) http://www.honda.co.jp/

| 악수 | Bye Bye | 양손을 흔듦 | 인사 |

이로 인해 기동시간은 종전의 약 40분에서 1/10인 4분 정도로 단축되었다.
또 PC를 통한 동작지시만이 아니라, 내장된 음처리전용 CPU를 통해 음성을 사용하여 팔 및 손동작이나 이동지시를 병행할 수가 있어 보다 편리하게 조작할 수 있게 되었다.
게다가 음원(音源)의 방향감지가 가능해져 음성지시를 내리고 있는 사람을 바라보며 대응할 수 있게 되었다. 휴대 컨트롤러를 통한 조작은 수십 미터 범위 안이라면 직접 로봇에게 지시하여 조작할 수 있게 되었다.

토종 로봇 「아미」「미모트」

　사람과 대화를 나눌 수 있으며, 자신의 감정까지 스스로 표현할 수 있는 로봇이 국내 연구진에 의해 개발되었다. 한국과학기술원(KIST)은 지난 2001년 4월 사람의 얼굴 모양을 한 신장 155cm, 체중 100kg의 휴먼형 로봇 「아미(AMI)」를 공개했다. 아미는 "인공지능멀티미디어연구실에서 개발한 혁신적인 휴먼 로봇"이란 영어의 약자를 의미하며 프랑스어로 친구라는 의미도 있다.

　아미에게 '빨간 공'이라고 말하면 그 공을 찾아 대답하고, 대화 도중 '못됐어'라고 꾸중하면 가슴에 부착되어 있는 스크린에 화가 난 얼굴표정을 표시해 자신의 감정상태를 표현한다.

　아미의 원형은 지난 1991년 대전 엑스포에 출품된 로봇으로 이를 개량, 저가형 서비스 로봇을 목표로 3년 동안 약 3억원 정도의 순수 제작비가 소요되었다고 한다.

　이에 반해 2000년 공개되어 세계적으로 관심을 끈 일본의 휴먼 로봇 "ASIMO"는 1,000억원 이상의 개발비가 소요되었다. 아미가 대량생산 체제를 갖춘다면 세계 서비스 로봇 경쟁에서 충분한 경쟁력을 갖출 것으로 기대되고 있다.

　아미는 팔과 손끝에 내장된 압력센서로 물체를 인식한 뒤 집어들어 운반할 수 있어 진공청소기 작동 등 간단한 가사도 할 수 있다.

출전)
http://www.dongascience.com/

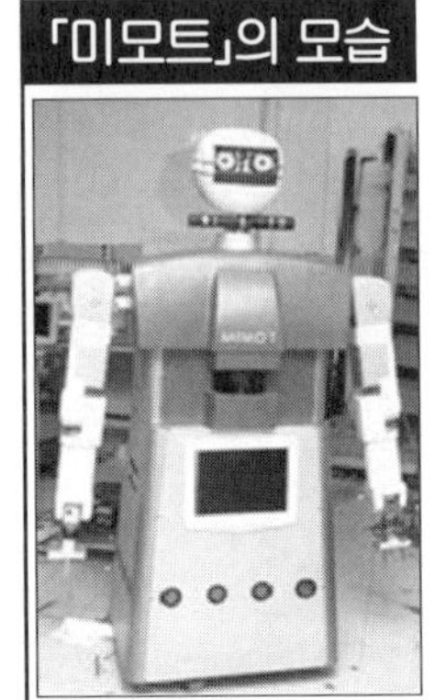

출전)
http://www.dongascience.com/

　2족 보행이 가능한 휴먼형 로봇 ASIMO는 장애물 회피기능이 없어 눈감고 걸어가는 것과 다를 바 없지만, 아미는 초음파와 적외선을 물체에 쏜 뒤 반사파를 감지해 장애물을 피해나가 청소기를 작동할 수 있다고 한다.

　아미는 로봇제어와 정보처리에 필요한 컴퓨터와 전원장치가 모두 내장되어 있어 외부 연결선 없이 독자적으로 움직일 수 있으며, 인터넷을 통한 원격제어도 가능하다고 한다(동아일보, 2001.5.1).

　한편, 한국과학기술연구원은 "아미"에 이어 2001년 7월 말 인공지능을 갖춘 휴먼형 로봇 「미모트(MIMOT)」를 개발하였다. 이 로봇은 명령을 내리면 스스로 판단해 주변 상황에 따라 적절한 행동을 할 수 있다고 한다.

　미모트는 또 팔과 손목이 인간처럼 전후 좌우는 물론이고 상하로 자유롭게 움직일 수 있어 물건을 집거나 들 수 있으며, 눈동자가 움직이기 때문에 빠른 물체를 계속 추적할 수 있다는 것이다. 이 로봇은 바퀴로 움직인다.

　개발 관계자에 따르면, 미모트의 학습능력과 지각기능 등을 발전시켜 앞으로 가정에서 인간에게 봉사하는 '홈 로봇'으로 개발할 계획이라고 한다(동아일보, 2001.7.31).

　휴먼형 로봇 아미나 미모트의 개발에서 알 수 있는 것과 같이 국내 로봇 개발력도 이미 상당한 수준에 이르고 있음을 알 수 있다.

　행정 및 관련 기관의 체계적인 지원 아래 단순히 시제품 개발에 머무르는 것이 아니라 실용화로까지 이어질 수 있도록 해야 한다.

인간의 발을 가진 「isamu」

철골·교량 분야의 전문기업 카와다공업(Kawada Industries, Inc.)과 도쿄대학이 공동으로 개발한 휴먼형 로봇 「isamu」(이사무)는 25cm 정도의 단차를 오르내릴 수 있는 뛰어난 로봇이다.

「isamu」의 모습

출전) http://www.kawada.co.jp/ams/isamu

isamu는 조이스틱(Joystick)을 통한 컨트롤로 임의방향으로의 이동 가능하고, 2족 보행으로 최대 시속 약 2km까지 가능하다.

또 영상센서를 탑재하여 거리감 인식이나 인물판정이 가능하며, 악력(握力) 센서를 통해 임의의 파지력(把持力)을 설정할 수 있다고 한다.

물론 마이크로폰과 스피커도 내장되어 있어 음성을 전달할 수도 있다.

isamu의 사이즈는 1,468(신장)×604(폭)×326(옆넓이)mm, 체중 55kg이며, 합계 자유도는 32, 두뇌에는 PentiumIII/1GHz×2 탑재, OS는 RT-Linux를 채용하고 있다. 심장 부분에 PC가 들어있다.

또한 사람과 거의 같은 크기로 개발한 이유는 인간과 동일한 공간에서 작업하게 될 미래 휴먼형 로봇개발에 필요로 하는 다양한 노하우를 축적하기 쉽다는 것 때문이다. 참고할만한 가치가 있는 부분이다.

전체적으로는 역삼각형의 보디를 하고 있어 언뜻 보기에 밸런스가 좋지 않은 것처럼 느껴지지만, 의외로 안정되어 있다고 한다. 소년을 이미지로 하고 있다는 isamu의 명칭은 「Integrated System of Advanced Motioncontrol Units」의 알파벳 첫글자에서 따왔다.

이 로봇의 최대의 특징은 발에도 자유도가 있는 점이다.

출전) http://www.watch.impress.co.jp/pc/

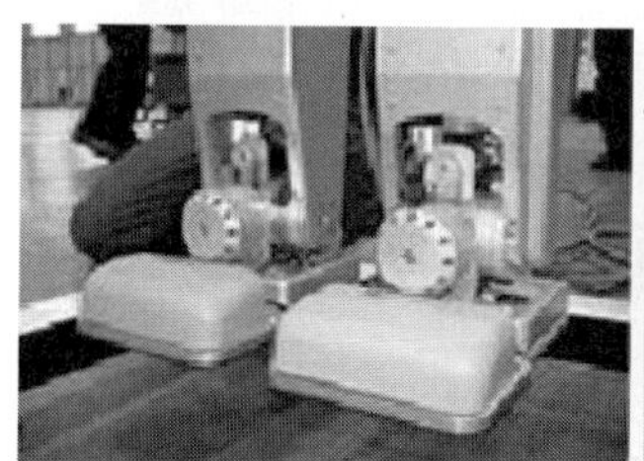

"isamu"의 가장 큰 특징 가운데 하나인 발 앞부분과 옆부분의 모습. 서로 독립적으로 제어된다는 것을 알 수 있다.

발이 「발끝」과 「발뒤꿈치」로 분할되어 있어 인간의 발 모습과 가깝다고 할 수 있다.

　　지금까지 2족 보행 로봇의 대부분은 발끝 부분이 개별적으로 작동되는 구조가 아니기 때문에 발을 수평으로 이동시켜 보행하고 있다. 그러나 isamu는 발끝 및 뒤꿈치 부분을 서로 독립시켜 제어함으로써 보다 인간에 가까운 걸음걸이를 하고 있다.

　　발끝이 있는 로봇은 아마 isamu가 처음일 것이다.

　　가까운 장래는 보행 속도를 현재 이상으로 높여 산업현장이나 공공시설 등지의 위험이 수반되는 작업과 노약자나 장애자 간호 등 기계와 인간이 서로 협력해 작업이 이루어지는 분야에 투입될 계획으로 있다.

두 눈 카메라와 옆 부분

출전) http://www.zdnet.co.jp/news/

isamu는 두 눈에 스테레오 카메라를 탑재하고 있어 인물 판별 기능도 갖추고 있다.
isamu의 두뇌는 Pentium III/1GHz×2. 정확히 말하면 두 뇌가 아니라 심장 부분에 PC가 들어있다.
옆구리 부분는 환기부가 보인다.

로봇 연구 플랫폼 「HOAP-1」

「후지쯔오토메이션」(http://www.automation.fujitsu.com/)과 「후지쯔 연구소(Fujitsu Research)」가 공동으로 개발한 휴먼형 로봇 「HOAP-1」이 지난 2001년 9월 그 모습을 드러냈다. HOAP-1의 신장은 약 48cm로 소니(Sony)의 2족 보행 로봇 「SDR-3X」(50cm)와 거의 같다. 디자인도 어딘지 모르게 닮아 있으나 HOAP-1 쪽이 보다 기계적이면서도 수려한 느낌을 준다.

「HOAP-1」의 모습

출전)http://www.automation.fujitsu.com/, http://www.zdnet.co.jp/

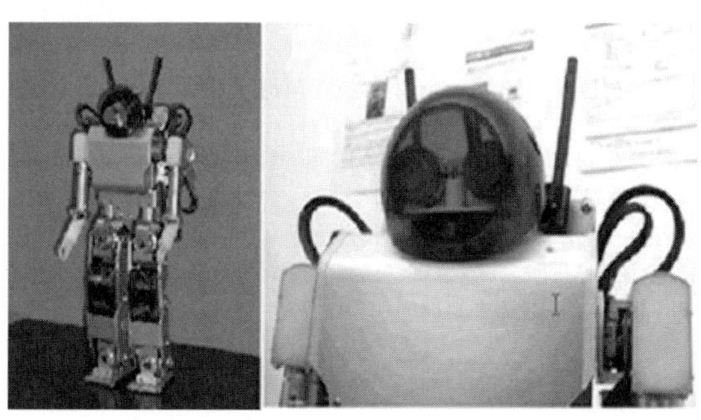

HOAP-1의 정식명칭 「Humanoid for Open Architecture Platform

1」이 의미하듯 HOAP-1은 연구기관이나 대학의 연구소 등지에서 로봇 연구 플랫폼으로서 판매될 예정이다.

후지쯔의 관계자에 따르면 향후 HOAP-1는 로봇작업 알고리즘 개발 및 인간과 로봇과의 커뮤니케이션 연구 등 다방면의 로봇 연구 개발에 이용될 수 있을 것이라고 한다.

HOAP-1은 소니(Sony)의 AIBO 시리즈와 같이 엔터테인먼트 전용 로봇이 아니기 때문에 다소 어눌한 느낌을 줄 뿐만 아니라 가격 또한 만만치 않다. 실제 판매가격은 약 575만엔(약 6,000만원)으로 2001년 9월부터 판매를 시작, 이미 대학을 중심으로 14대를 판매하였다고 한다. 다만 가격 때문에 일반 사용자가 구입하기에는 무리가 있을 것 같다.

「HOAP-1」의 주요사항

항 목	내 용
신 장	약 48cm
중 량	약 6kg
중앙 제어 유닛 (어깨 가방 속)	MMX Pentium/300MHz 상당, 32MB RAM(주요 메모리), CF형 메모리 32MB. 기본 제어는 외부의 PC로 하기 때문에 중앙 제어 유닛은 옵션이다.
자 유 도	20(팔 부분 : 4자유도 × 2개, 다리 부분 : 6자유도 × 2)
센 서	관절 센서, 3축 가속도 센서, 3축각 속도 센서, 발밑 압력(발 4개 모두 배치)
컨트롤 용 PC	OS : RT-Linux, CPU : Pentium III/700MH 상당, 기본 시뮬레이터 등을 포함한 어플리케이션 CD

출전) http://www.automation.fujitsu.com/

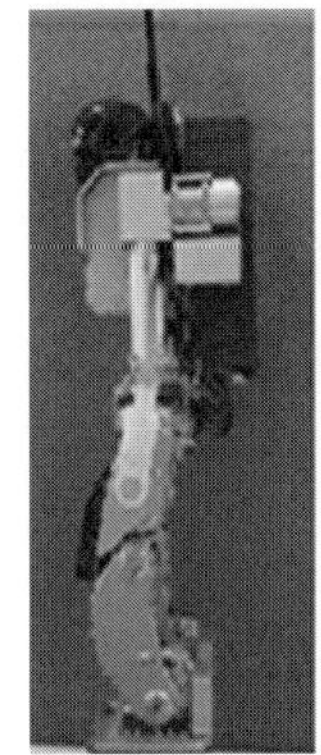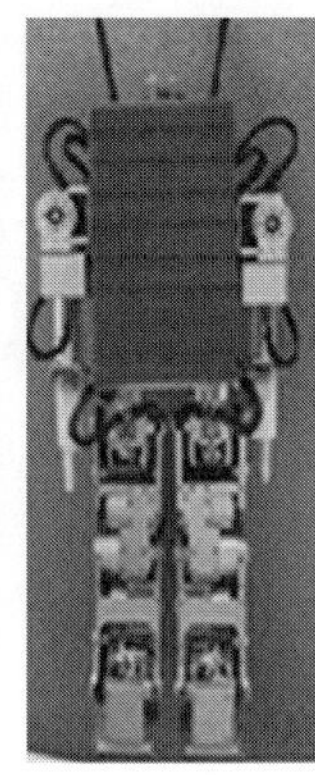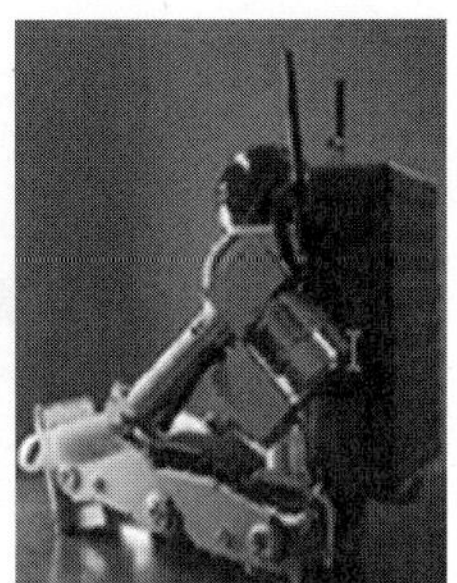

「HOAP-1」의 컨트롤 이미지

출전) http://www.automation.fujitsu.com/

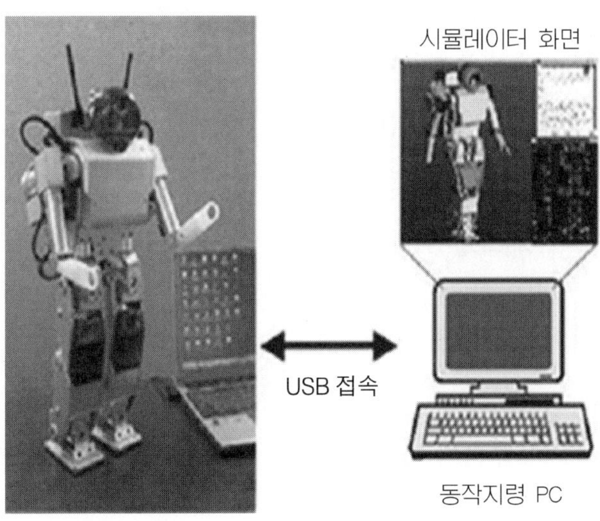

완벽한 균형 「SDR-4X」

소니(Sony)는 2002년 3월 중순 2족보행 엔터테인먼트 로봇 「SDR-4X」를 개발했다고 발표했다.대로 개발이 순조롭게 진행된다면, 2002년 말에는 시판될 것으로 보여진다. 이 로봇은 사람들과 가정에서의 생 이 로봇은 상품화를 전제로 한 프로토타입(Prototype)으로 예정 활을 전제로 개발된 것으로 특정작업을 위해 개발된 혼다(Honda)의 ASIMO와는 다른 성격임을 분명히 하고 있다. 때문에 다음의 3가지 조건을 충족할 수 있도록 개발, 배려하였다.

- 간단하게 넘어지지 않을 것
- 넘어져도 망가지지 않을 것
- 어떤 자세로 넘어져도 일어날 수 있을 것

인식 가능한 단어 수는 5~6만 정도이며, 사람의 얼굴도 10명 정도까지는 식별이 가능하다. 신장은 58cm, 체중은 6.5kg으로 직전 모델인 「SDR-3X」보다 약간 크다.

SDR-4X는 각 관절을 구동하는 소형 액츄에이터의 출력 성능을 향상시킴과 동시에 내장된 각종 센서를 근거로 전신 38곳의 관절부를 리얼타임으로 제어하는 「실시간 통합 적응제어시스템」을 새롭게 개발했다. 고르지 못한 지면이나 경사면에서 2족 보행 뿐만 아니라 외부로부터 힘이 가해졌을 경우에도 자세유지 제어 등도 가능해짐으로써 고도의 운동성능을 발휘할 수 있게 되었다.

게다가 보폭이나 선회각도 등 성황에 따라 필요한 보행동작 패턴을 리얼타임으로 생성함으로써 안정적이며 유연한 보행이 가능해졌다.

또 2개의 CCD 칼라 카메라를 탑재하고 있으며, 2대의 카메라 시차를 이용해 피사체까지의 거리를 검출할 수 있게 되었다. 이로 인해 바닥의 존재나 장애물과 로봇과의 간격 등을 인식하고 장애물을 피할 수 있는 경로를 자동적으로 생성하면서 보행할 수 있게 되었다.

■ SDR-4X의 모습

화상·음성 인식기술 및 음성 생성기술에다가 기억에 근거한 대화나 행동 제어기술을 채용하여 사람과 보다 풍부한 커뮤니케이션을 실현하게 되었다. CCD 칼라 카메라로부터 입력된 정면 얼굴 화상을 통해 얼굴을 검출하고 누구인지를 식별하게 된다. 또 머리 부분에 배치된 7개의 마이크로폰을 사용해 소리가 들려오는 방향을 검출함과 동시에 말하는 사람을 식별할 수 있다. 더욱이 내장 무선 LAN 기능을 이용함으로써 SDR-4X의 CPU에다가 외부로 접속된 컴퓨터와의 연동도 가능해 연속적인 음성인식도 가능해졌다.

출전) http://www.zdnet.co.jp/news

출전) http://www.zdnet.co.jp/news

화상인식을 통해 얻은 사람과 사물 등의 정보는 단기·장기의 기억 정보를 이용함으로써 보다 복잡한 대화나 행동도 실현할 수 있게 되었다. 나아가 악보 데이터나 가사 데이터를 입력하여 음성합성에 의한 비브라토(Vibrato, 진동)를 포함한 가성을 생성, 감정이나 동작에 맞춘 가창 등 엔터테인먼트 성향의 향상도 꾀해지고 있다.

SDR-4X의 가격에 대해 소니 담당자는 일본의 고급 승용차 1대와 대등한 가격이 될 것이라고 언급했다. AIBO에 이어 휴먼형 로봇이 생활 속에 자리잡는 날도 멀지 않은 것 같다.

첨단 기술

인공 눈을 통해 시력을 되찾고, 적혈구 만한 로봇이 혈관 속을 돌아다니며 건강정보를 무선으로 몸밖의 해당 정보단말에 정보를 송신하면서 수술도 하는 시대가 멀지 않았다. 테이프처럼 승용차 몸체에 붙여 전기를 연결하면 깜박이등이 되는 라이트 시스템도 2002년에 실용화된다.

이는 지난 2001년 12월까지 과학기술부 프런티어연구사업단인 「지능형 마이크로사업단」(http://www.microsysten.re.kr/) 주최로 열린 한국·이탈리아 공동 '생의학 마이크로시스템과 나노테크' 워크숍에서 공개된 첨단기술에서 엿볼 수 있는 미래사회의 단면이다.

지능형 마이크로사업단의 한 관계자는 "마이크로 시스템의 실용화가 급속하게 이뤄지고 있으며 장애 극복 등 다양한 분야에 응용이 기대된다"고 말했다.

마이크로 시스템과 나노기술

출전) http://search.joins.com/

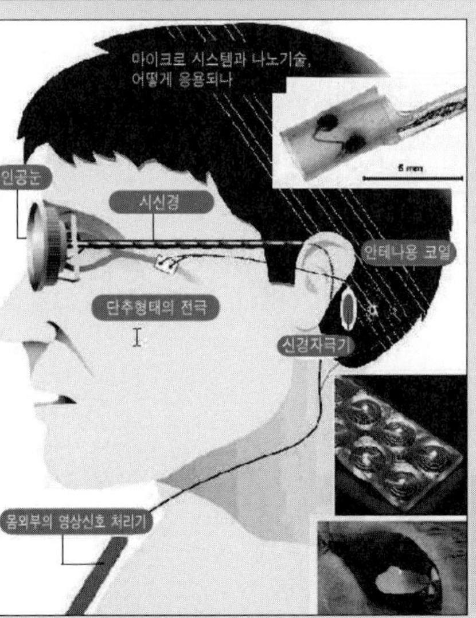

안경형태의 카메라에 들어온 영상은 코일→영상신호 처리기→전극→시신경을 거쳐 두께 1mm의 테이프식 차 깜빡이등(오른족 中), 혈관속을 향해 하는 적혈구 크기의 로봇 상상도(下)

인공 눈

벨기에 루바인 캐톨릭대 등에서 개발 중인 인공 눈은 망막이나 수정체가 망가져 시력을 잃은 사람들에게 희소식이다. 사람 눈 형태로 만들 수도 있는 인공 눈은 초소형 카메라에 시신경을 연결해 사물을 볼 수 있게 한다.

영상은 초소형 카메라를 거쳐 몸 외부의 영상신호처리기 → 인공회로와 연결된 시신경 → 대뇌로 전달된다. 인공회로와 말초 시신경 연결기술은 상당한 수준에 와있다. 이미 실험실 수준의 시스템은 개발된 상태다.

전문가들은 인공 눈이 3~5년 징도면 실용화할 것으로 예상하고 있다. 현재는 대뇌까지 연결된 시신경이 살아 있는 환자용으로만 인공 눈이 개발되고 있으나 머지않아 이마저도 망가진 시각장애인을 위한 것이 개발될 전망이다. 속속 개발되고 있는 신경 연결기술들이 그 청신호라 하겠다.

테이프식 차 깜박이등

이탈리아 피아트자동차 중앙연구소 "피에로 페를로" 박사는 내년이면 두께가 1mm로 얇은 자동차 깜박이등을 개발해 상용화할 것이라고 밝혔다.

전자가 부딪치면 빛을 내는 초미세 나노 분말을 사용해 일궈낸 개가다. 이는 21세기 발전 동력원으로 꼽히는 나노기술을 일상에 활용한 상징적인 제품이 될 전망이다.

테이프식 차 깜박이등은 제조원가도 기존 제품에 비해 절반 정도면서 전기도 거의 들지 않는다. 같은 양의 전기를 사용하였을 때 이 라이트는 기존 제품의 약 30배나 밝다. 그 만큼 전기를 빛으로 바꾸는 기능이 탁월한 것이다. 기존의 차 깜박이등을 장착하기 위해서는 깊이 7Cm 정도로 차체를 움푹 파내야 하지만 테이프식은 그럴 필요가 없다.

나노 저울

한국과학기술연구원(KIST)에서 개발된 나노 저울은 생명공학, 나노기술 시대에 필수적인 계측기 역할을 할 것으로 기대된다. 이 저울은 10억 분의 수 그램(g)을 측정할 수 있을 정도로 정밀하다.

어떤 물체든 무게가 달라지면 공진 주파수도 달라진다는 사실을 응용한 것이다. 무게와 공진 주파수를 알고 있는 나노 저울에 특정 물체가 달라붙으면 그 무게만큼 공진 주파수가 달라지므로 역으로 이 주파수를 측정하면 저울에 붙은 극소 물체의 무게를 환산할 수 있는 것이다(박병주, 중앙일보, 2001.12.10).

오픈 소스 로봇 「PINO」

일본 과학기술진흥사업단의 「키타노 공생시스템 프로젝트」가 탄생시킨 인조인간 「PINO」가 2001년 6월 드디어 그 모습을 드러냈다.

인간과의 공생을 테마에다 피노키오를 모델로 하여 디자인된 것이다. 인공지능 프로그램을 통해 26개의 모터와 7개의 센서가 제어되어 움직인다. 신장은 어린아이 크기와 비슷한 70cm로 걷거나 손을 움직이며, 눈으로 움직이는 물체를 추적하기도 한다.

「PINO」의 모습

출전) http://www.zmp.co.jp/

개발 책임자에 따르면, PINO는 「오픈 소스 로봇(Open Source

Robot)」이라고 하는 컨셉실현을 목표로 하고 있으며, 연구기관이나 대학 연구실 전용으로 렌탈 또는 판매되고 있다.

PINO의 렌탈요금은 4일 동안 150만엔(첫날과 마지막 날은 셋업 및 메인테넌스)으로 매우 높은 가격이다.

매입 가격은 800만엔(약 8,000만원)이다. 이처럼 높은 가격임에도 불구하고 이미 일본 국내외의 여러 연구기관이나 대학으로로부터 PINO에 대한 상담이 계속되고 있다고 관계자는 전한다.

또 「ZMP」(http://www.zmp.co.jp/)에서는 PINO의 디자인 사용권을 라이선스 공여하는 등 각종 판권 비즈니스도 전개할 계획이라고 한다. 이미 유명 여가수의 프로모션 비디오에 출연하는 등 첨단 과학의 상징으로 일반 가정 내에서도 친밀감을 가진 캐릭터로 급부상하고 있다.

그리고 PINO의 2족 보행 로봇 완구(PINO DX)가 1만 2,000엔에 판매되고 있기도 하다. 근래 2족보행이 가능한 로봇 완구가 여러 가지 등장하고 있지만, 걸음걸이가 부자연스러운 것이 대부분이었는데 반해, PINO DX는 인간과 같이 보행시에 한쪽 발을 들어올리며 걸을 수 있다는 점이 최대 특징이다.

게다가 장애물 센서를 갖추고 있어 장애물이 놓여있는 경우는 전후 좌우로 피할 수 있으며, 고저(高低) 센서를 통해 테이블의 가장자리까지 접근하면 정지 또는 뒤로 돌아가기도 한다. 또 음성인식 기능을 가지고 있어 소유자(소리의 등록자)가 부르면 그 쪽을 향해 걸어가기도 한다. PINO의 설계도와 전자회로, 소프트웨어 기본설계(소스 코드) 등은 인터넷 상에서 공개(http://www.openpino.org/)되고 있다. 이것을 참고로 시판되고 있는 기존의 모터 등을 구입, 보디를 제작하면 PINO와 같은 로봇을 만들 수 있다. 이러한 공개정보를 기본으로 기업들이 독자적인 연구를 추가, 제품화하는 것은 자유다. 다만 특허 등을 취득하지 않겠다는 것을 공개 전제로 하고 있다.

블루투스 원격조작 로봇 「morph」

지난 「CEATEC JAPAN 2001」에서는 블루투스(Bluetooth) 모듈을 탑재한 휴먼형 로봇 「morph」이 소개된 바 있다.

morph는 블루투스에 의한 무선(Wireless) 통신 기반으로 PC로부터 명령을 받아 동작하는 휴먼형 로봇이다. 이 로봇은 일본 '과학기술 진흥사업단'의 「키타노 공생시스템 프로젝트」가 개발한 로봇에다 「무라타제작소」(http://www.murata.co.jp/)의 블루투스 모듈을 탑재, 공동으로 통신기술 등을 개발하면서 탄생된 것이다.

「morph」의 모습

출전) http://www.zdnet.co.jp/news

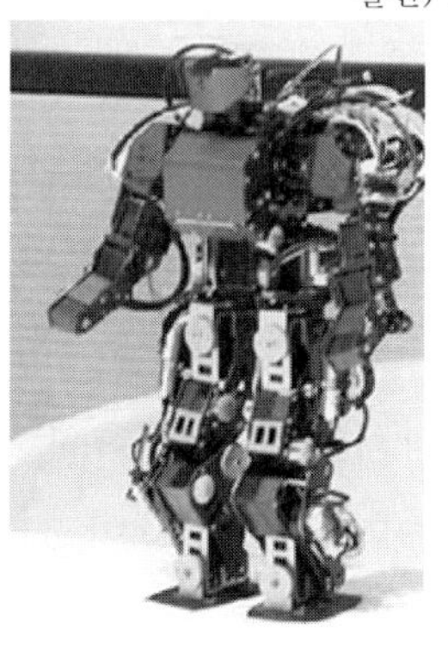

블루투스라고 하면, 휴대전화나 PDA, PC, 정보가전 등에 탑재되는 전용 무선기술로 받아들이기 십상이지만, 로봇의 리모트 컨트롤 분야에 대한 도입에도 장점이 많다. 우선 쌍방향 통신이 가능하기 때문에 컨트롤러로부터 로봇에게 명령을 내릴 수 있을 뿐만 아니라, 반대로 로봇으로부터 컨트롤러 측에 송신할 수 도 있다.

또 무선 LAN 등과 비교하여 주파수 호핑을 이용하는 블루투스의 경우 혼선되는 사례가 거의 없다는 장점 또한 가지고 있다. 블루투스가 일 대 다(One to Many)의 접속을 지원하게 되면, 여러 대의 로봇을 1대의 컨트롤러로 제어할 수 있어 로봇들이 한 팀이 되어 행해지는 로봇축구와 같은 분야에 활용할 수을 것이다.

이러한 특징을 가지는 블루투스가 이미 패키지화 되어 있다는 것도 장점이라 하겠다. 일반기기용으로 개발된 범용 블루투스 모듈을 활용할 수 있기 때문에 전용 무선통신회로를 제작하는데 비교적 비용을 줄일 수 있다.

다양한 동작과 블루투스 모듈

출전) http://k-tai.impress.co.jp/cda/, http://www.zdnet.co.jp/news/

각 관절의 동작 범위가 넓어 둥근 공처럼 몸을 웅크린 상태에서부터 직립 자세까지 다양한 동작이 가능하다.

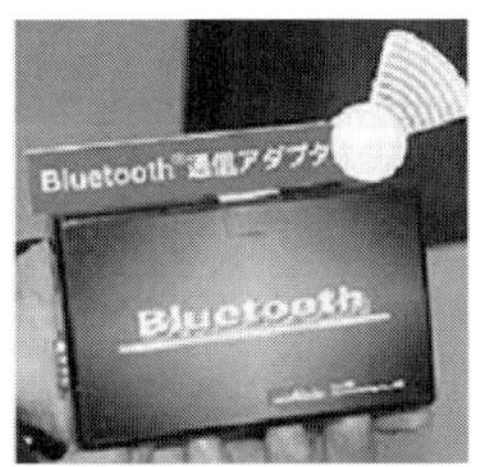

PC와 간단하게 접속가능한 블루투스 모델

이처럼 블루투스는 휴대전화나 정보가전, PC 만이 아니라 로봇 분야에서도 보급될 가능성이 크다고 보여진다(블루투스에 관한 자세한 내용은 김광희『정보가전과 무선인터넷, 2001』을 참조하면 된다).

morph의 신장은 34cm, 중량은 2kg이며 덩치 큰 조립 장난감 로봇과 비슷한 사이즈라 하겠다. CPU에는 PowerPC 603의 200MHz를 탑재하고 있다. 모터는 전부 26개로 그 내역은 머리 부분이 2자유도, 팔 부분이 좌우로 10자유도, 허리 부분이 2자유도, 다리 부분이 좌우로 12자유도를 가지고 있다.

기본적인 동작제어기능은 morph 측에 탑재되어 있다. 컨트롤러로부터 송신된 명령을 morph 측에 탑재된 CPU가 해석하고, CPU가 각 모터 컨트롤러에게 제어명령을 보내도록 되어 있다.

덧붙이면, morph는 휴먼형 로봇의 요소기술 연구를 위해 개발된 로봇이다.

이를테면, 보행동작 등 휴먼형 로봇의 플랫폼이 요구되는 연구 프로젝트를 수행 중인 연구자에 대해 공동연구를 행하거나 혹은 플랫폼으로서 morph를 대여나 판매할 계획이다. 그 외에 morph의 연구개발을 통해 축적된 요소기술의 응용·실용화도 상정되어 있다.

볼을 차고 있는 「morph」

출전) http://www.zdnet.co.jp/news

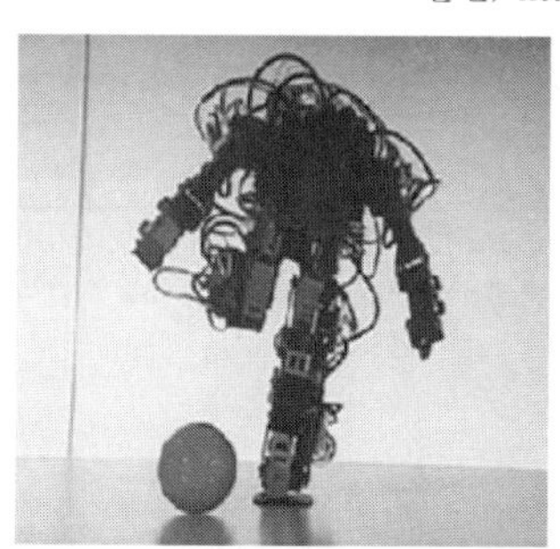

전투 로봇 「Zaku」

사람(군인) 대신에 로봇을 치열한 전투현장에 투입시켜 전쟁을 승리로 이끌도록 한다. 이제 이러한 얘기가 단순히 터무니없고 허무맹랑한 것이 아니라 점차 현실화되고 있다.

「반다이(Bandai)」(http://www.bandai.co.jp/)가 개발한 2족보행 로봇 「Zaku」는 혼다(Honda)나 소니(Sony)가 추진하고 있는 로봇, 즉 인간과의 공존을 시야에 두고 개발된 파트너 로봇이 아니라 로봇 그 자체라고 할 수 있다.

「Zaku」의 모습

출전) http://www.zdnet.co.jp/news/

2족보행 로봇 Zaku는 무선전용 컨트롤러를 통해 조작이 이루어진다. 컨트롤러에는 액정 디스플레이가 부착되어 있어 Zaku의 눈으로 본 영상이 비춰지도록 되어있다. 다시 말해, Zaku의 머리부분에는 CCD 카메라를 갖추어 컨트롤러의 액정 디스플레이에 영상이 표시되는 구조다.

그리고 Zaku는 2족 보행시 균형을 맞추기 위해 발목에 특별한 장치가 고안되어 있으며, 보행용 기어박스나 좌우 선회 모터, BB탄 발사용 모터, 상반신 회전용 모터 등이 복부로부터 허리부분에 걸쳐 집중되어 있다. 손에 들고 있는 머신 건(Machine Gun)은 실제로 사용 가능한데 BB탄이 발사된다(약 20발 장전 가능).

인간을 대신해서 각종 전투에 참가해 적군을 향해 총을 발사하는 전투 로봇의 출현도 공상과학 애니메이션 속의 존재가 아니라, 조금씩 현실화되어 가는 느낌이다. 적어도 Zaku나 "건담"을 지켜보고 있노라면….

또한 2002년 3월에는 Zaku의 디지털 카메라인 「Digital Mono Eye MS-06 ZAKUⅡ」가 발매되었다. 이것은 30만 화소의 CMOS 센서로 머리부분에 8MB의 메모리를 탑재하는 USB 카메라이다.

이 전투 로봇의 발매가격은 9만 8,000엔(약 100만원)으로 매우 높은 가격이지만, 로봇(건담) 매니아들에게 결코 놓칠 수 없는 제품으로 평가받고 있다.

출전)
http://www.zdnet.co.jp/news/

출전)
http://www.zdnet.co.jp/news/

무(無) 센서 로봇 「RB007」

「다이헨(DAIHEN)」(http://www.daihen.co.jp/)이 개발한 휴먼형 로봇 「RB007」은 머리 부분에 카메라를 장착해 사람이 다가오면 그것을 인식하고 악수를 요청하거나 "손을 눌러 보세요"라고 하는 등 매우 적극적으로 반응하는 로봇이다.

「RB007」의 모습

출전) http://www.zdnet.co.jp/news/

다이헨의 휴먼형 로봇 "RB007".
2족 보행 로봇은 아니다. 넥타이를 매고 있는 모습이 인상적이다.

개발 관계자에 따르면, RB007의 특징은 「센서 없이도 커뮤니케이션 할 수 있다는 점」이라고 한다. 그 비밀은 RB007에 사용되고 있는 '다이헨'의 보조 시스템 「RINGSERVO」에 있다.

RINGSERVO는 보조 모터를 제어하기 위한 시스템으로, 센서 대신에 이 시스템이 속도 정보나 힘의 정보를 취득해 그에 맞춘 움직임을 피드백 할 수가 있도록 한다. 특징은 위치, 속도, 힘이라고 하는 3가지 요소 정보를 동시 병행으로 바꿔가며 동작한다는 점이다.

바꿔 말해, RB007의 손을 누르면 RINGSERVO가 압력을 감지해 힘 겨루기를 제안해 온다. 거기서 힘껏 눌러주면 이번에는 RB007이 누르는 힘이 약해지면서 "아프다"는 비명을 지른다. 이러한 특성 때문에 RB007은 인간과 협력해 스스로 동작하게 되는 시스템에 최적이라고 할 수 있다.

가까운 미래는 수많은 로봇들이 개발·제조 메이커나 기능, 가격에 전혀 관계없이 서로 협조하며 동작하게 될 것으로 전망하고 있다. 이를테면, 지각을 가진 로봇이 냉장고 문이나 현관 도어가 열려 있다는 것을 감지한 후 동력을 가진 로봇에게 명령을 내려, 문을 닫도록 하는 등 인간과의 협력뿐만이 아니라 로봇 간의 상호협력을 통해 다양한 아이디어가 실제로 구현될 수 있을 것이다. 이러한 미래에 활동하게 될 전(前)단계 로봇이 RB007이라 하겠다.

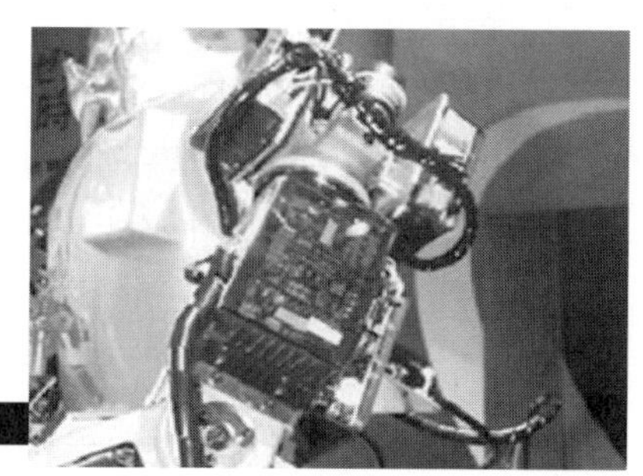

「RINGSERVO」를 장착한 팔

팔 상부에는 'RINGSERVO'를 장착하여 압력을 인식하고 있다. 또 센서를 갖추고 있지 않기 때문에 시스템 자체가 간소해짐으로써 제품 개발에 걸리는 비용을 삭감할 수 있었다고 한다.

출전) http://www.zdnet.co.jp/news/

인간 친화형 로봇 「아이꼬마」

삼성전자는 지난 2001년 5월 인간 친화형 로봇 2종을 개발, 공개했다. 그와 더불어 이 로봇들은 적어도 2002년 중에는 본격 시판될 예정이라고 한다. 로봇들은 다름 아닌 「아이꼬마(iCOMAR, internet COmmunicable Mobile Avatar Robot)」와 「앤토(ANTOR, ANdroid TOy Robot)」 두 가지로, 모두 인터넷을 기반으로 한 퍼스널 로봇이며 산업용 로봇 제작기술을 바탕으로 만들어졌다고 한다.

아이꼬마는 신장 60cm에 체중 10kg으로 펜티엄MMX 266 CPU가 내장되어 있다. 스스로 움직이고 음성을 알아들을 수 있어 가족과 대화를 나눌 수 있다. 또 카메라와 마이크, 인체감지센서 등이 감추어져 있으며, 인터넷을 기반으로 설계되어 있어 외부에서 로봇을 이용해 집안을 감시하거나 화상통신을 할 수도 있다. 나아가 장애물 유무를 9개의 초음파 센스가 감지해 자유롭게 움직일 수 있으며, 단순명령만으로도 제어가 가능하다고 한다.

한편, 앤토는 신장 35cm에 체중 2kg으로 20개의 관절이 있어 다양한 팔, 다리 동작과 허리, 몸 동작이 가능해 인간과 거의 유사한 동작 연출을 할 수 있는 인간을 닮은 완구 로봇이다. 리모컨을 이용한 수동 무선조정이 가능할 뿐 아니라, 어린이들도 손쉽게 익힐 수 있는 로봇 제어용 PC 프로그램을 사용해 컴퓨터를 통한 제어도 가능하다고 한다(동아일보, 2001.5.23).

　로봇 선진메이커 소니(Sony)나 NEC, 반다이(Bandai) 등에 뒤지지 않는 디자인과 기능의 퍼스널 로봇을 국내에서도 개발했다고 하는 점에서 그 의의는 매우 크다고 보여진다.

인간 친화형 로봇 「아이꼬마」「앤토」

출전) http://www.donga.com/, http://japan.donga.com/

「스타 트렉」 기술은 진부화

SF 영화 「스타 트렉(Star Trek)」에서 등장하는 각종 기술들을 타깃으로 많은 연구가 이루어져, 스토리 속의 허구적인 발명품도 그 기초 부분은 이미 현재의 연구실에서 볼 수 있게 되었다.

오늘날 존재하는 기술 또는 개발 진행 중인 기술 가운데 스크린에 전혀 등장하지 않는 것은 무엇일까?

스크린 속에서 펼쳐진 극단적인 장면도 소수이기는 하나 이미 존재한다. 예를 들면, 왜 이 시대에도 치아가 고르지 못한 인물이 존재하는 것일까? 함장이나 승무원 가운데 대머리가 많은 것은 왜일까? 어째서 안전 벨트가 없는 것일까? 그 내용이 300년 뒤의 미래라고 설정되어 있음에도 불구하고 안전벨트를 착용하려고 하는 현명한 사람은 왜 없는 것일까?

이와 같은 의문에 대해 미항공우주국(NASA)의 그렌연구센터(Glenn Research Center)에서 행해지고 있는 「혁신적 추진 물리계획」(Break-through Propulsion Physics Project) 참가 연구자 "마크 밀리스(Marc Millis)"는 즉각 스타 트렉을 변호하고 나선다.

그는 "미겔 알크비레 (Miguel Alcubierre, http://www.grc.nasa.gov/www/PAO/html/warp/ideachev.htm)가 제시한 방법으로 우주를 워프(Warping Space)하는 엔진이라면, 안전벨트는 불필요하다는 것이다.

우주선을 둘러싼 시공(時空)이 한 덩어리가 되어 움직이기 때문에 우주선 안의 인간은 기본적으로 정지한 상태나 마찬가지다. 바꾸어 말하면, 움직이는 보도(步道)와 같은 것으로 뒤의 시공을 팽창시켜 앞의 시공을 압축함으로써 나아간다"고 밀리스는 설명한다.

현재의 기술은 워프 엔진(Warp Engine) 설계에 착수할 수 있을 만큼 진보되지 않았다고도 그는 지적한다. 우리는 아직껏 물리학의 초보 단계에 머무르고 있다는 것이다.

한편으로 혹성 연방의 우주함대(그 외 많은 제국의 우주선)가 워프 엔진을 후부 또는 옆부분에 달고 있는 이유는 뭘까? 시공을 워프하기 위해서는 앞뒤 모두에 엔진을 설치할 필요가 있다고 밀리스는 말한다.

다시 말해, 2개의 거대 엔진보다 다수의 작은 노드를 사용하는 편이 우주선을 감싸는 워프 필드(Warp Field)를 보다 효율적이며 보다 안전하게 만들어 낼 수 있지 않을까? 혹은 밀리스가 지적하듯 "선체 전체가 엔진으로 되어있는 우주선을 생각하는 것"도 좋을 것이다.

"하나의 메인 엔진이라고 하는 발상은 플롯(Plot)을 만드는데 매우 편리하다. 고장으로 인한 위기를 연출 할 수 있기 때문에"라고 밀리스는 말한다. "SF 우주선의 특징은 현실적으로 갖추어야 할 설계와는 달리 스토리의 방향성을 따르고 있는지도 모른다".

로봇도 마찬가지다.

현재 군대에서는 이미 정찰 로봇을 배속시키고 있다. 머지않아 수비병이나 병기 요원 또는 상륙작전의 돌격대로 사용하게 될 것이다. 하지만 전투 중이든 비행 중이든 우주선 「엔터프라이즈」호는 로봇의 지원을 받지 않는다. 로봇 학자들이 이 우주함대의 기함에 등장시키고 싶은 로봇에는 어떤 것이 있을까?

「엔터프라이즈」호의 모습

출전) http://www.wired.com/news/

카네기 멜론 대학(Carnegie Mellon University)의 로봇 학자 "그랙 암스트롱(Greg Armstrong)"은 다음과 같이 대답하고 있다. "그것은 중요한 질문이다. 우주선 내에서 반드시 해야하지만 아무도 하고 싶어하지 않는 일은 무엇일까? 바닥 청소는 필요할까? 불필요하다면 더러워지지 않도록 가공된 바닥일까? 「국제 우주 스테이션」(ISS)에서 외부 메인테넌스에 로봇을 사용하려고 한 것은 EVA(Extravehicular Activity, 선외활동)가 위험하기 때문이다. 그러므로 먼저 선외 작업용 메인테넌스 로봇이 필요하므로 우주선에 탑재되어야 한다.

미항공우주국(NASA) 제트추진연구소(Jet Propulsion Laboratory)의 인공지능담당 책임자 "스티븐 첸(Steven Chien)"은 낯선 방문자가 무기를 가지고 있지 않은지 신체검사를 할 수 있는 작은 로봇이 필요하다고 한다.

"이러한 로봇에 관한 발상으로 훈련된 동물이 할 것 같은 것을 좀 더 고도의 지능과 툴(Tool)을 통해 수행하도록 하는 것이다. 기계장치가 내장된 작은 벌레가 연료누출을 탐지하거나 무기를 숨기고 있지 않은지 사람의 몸을 검사하거나, 조사활동, 인간의 행동을 비밀리에 감시하거나 하는 모습을 떠올리면 된다"고 첸은 말한다.

첸에 따르면, 로봇은 새로운 혹성의 대기 가운데에 들어가 계측치를 전달하거나 또는 인간 부대가 내려서기 전에 새로운 세계를 신중하게 조사하거나 한다. 인공지능을 가진 로봇이라면, 혹성의 거주자와 우주선의 물자 보급에 대한 교섭도 할 수 있을 것이다.

「스타워즈의 과학」(The Science of Star Wars) 외 다수의 SF 소설을 집필한 천체 물리학자 "진 카벨로스(Jeanne Cavelos)"는 스타 트렉에 등장하는 로봇의 대부분이 앤드로이드(Androids)라는 점에 짜증스러워하고 있다.

"등장하는 로봇 거의 대부분이 인간과 유사한 형태로 만들어져 있다. 데이터(Data) 대장에서 하리 매드(Harry Mudd)의 많은 사용인까지 그렇다.

우주탐험은 로봇의 이용 가치가 높은 분야이고, 로봇은 장래 한층 더 유용한 것이 될 것이다. 위험이 예상되는 미지 환경에 로봇이 처음으로 이송되는 것은 드물지 않다(동시 다발 테러로 붕괴된 세계무역센터를 탐색해 생존자를 찾는 일도 로봇이 맹활약을 하였다).

스타 트렉의 무대는 모두 위험한 환경이나 미지 환경뿐이다. 그런데도 탐사기나 로봇이 사용되는 것을 거의 본 적이 없다".

"그러한 상황에서 가장 순응도가 높고 도움이 되는 것은 안정성이 높은 다리 6개짜리 로봇과 전차와 같은 바퀴를 갖춘 것이다. 이러한 로봇도 장래는 데이터 대장처럼 지적 능력을 갖추게 되겠지만, 스타 트렉에서는 로봇이 전부 인간 형태를 하고 있다"고 카벨로스는 지적한다.

애완 동물을 로봇화 하는 것도 생각할 수 있다. 최신 시리즈 "죠나단 아쳐(Jonathon Archer)" 함장은 귀여운 비글(Beagle) 견을 데리고 다니는데 이것은 현실적이라고 할 수 있을까?

카네기멜론 대학의 그랙 암스트롱은 다음과 같이 말하고 있다. "애완동물 로봇이 최근 인기를 끌고 있으나, 우주선과 같은 닫힌 환경에서 가장 많은 도움이 될 것이다. 실제 애완동물처럼 접할 수 있을 뿐만 아니라, 환경시스템에 대해 불필요한 짐이 되지 않는다".

그리고 로봇을 우주선에 태우지 않는 큰 이유 가운데 하나는 승무원을 바쁘게 하기 위해서라고 암스트롱은 지적한다. 엔터프라이즈호에는 100명 미만의 승무원이 있지만, 이러한 작은 집단조차 항상 일을 한다. 현실 그대로의 3D 환경을 만들어 내는 'Holodeck'가 없는 경우는 오락도 없다. 오늘날 이미 존재하는 가상 현실감의 게임이 존재하는 모습도 전혀 없다.

"군함에는 상선보다 꽤 많은 승무원이 있다. 주요 이유는 전투 중의 피해를 컨트롤하고 더 이상 임무를 수행할 수 없는 요원과 교대할 필요가 있기 때문이다. 그 때문에 해군에서는 많은 부문에서 자동화를 거부해 왔다. 승무원을 바쁘게 할 필요가 있다"고 암스트롱은 언급한다.

또 당연히 함선에는 진료실이 있다. 암스트롱은 진료실에서도 로봇이 사용되기를 바라고 있다. "소형 외과 수술 로봇이 도움이 될 것이다. 내가 생각하고 있는 것은 매우 작은 로봇이다. 「자, 이것을 삼키면 눈 깜짝할 순간에 맹장은 사라지게 됩니다」고 하는 부류"라고 암스트롱은 말한다.

"새로운 생명체 '보그(Borg)'는 이식(Implants)을 한다. 인간도 그렇게 되는 것은 아닐까하고 생각한다. 인기 가수 스티비 원더(Stevie Wonder)가 시력을 회복하기 위해 전자장치를 이식한다는 기사를 읽은 적이 있다. 1년 전의 기사로 그 후 어떻게 되었는지는 모르지만, 그러한 기술은 현재 상당히 근접해 있을 것이다. 장래는 어떻게 될까? 강화 메모리(Enhanced Memory)의 이식은 엔터프라이즈호에 반드시 이용가치가 있다고 생각된다"(Erik Baard, 2001.11.23).

② 애완동물 로봇

근 미래형 로봇 「ERS-220」

　소니의 애완동물형 로봇 "AIBO"가 또 한번 변신을 했다. 지난 2001년 11월부터 판매되고 있는 「ERS-220」은 근 미래형 로봇 디자인을 채용하고 있으며, 지금까지 소니의 애완동물 노선과는 완전히 차별되는 새로운 모습이다. 판매가격은 18만엔(약 180만원)이다.

　이번 AIBO "ERS-220"의 가장 큰 특징은 기존 제품보다 아주 터프(?)한 느낌이 든다는 점이다. 실제로 공격적인 모습을 연출할 수 있도록 설계되어 있기도 하다. 좋아하는 것을 보거나 들었을 때 헤드라이트가 빛을 발하며, 흥분하게 되면 자동차의 거친 엔진소리를 내기도 한다.

신형 AIBO 「ERS-220」

출전) http://www.zdnet.co.jp/news/

기존의 애교 덩어리 이미지에서 터프한 모습으로 탈바꿈한 이유는 여성보다 남성을 주요 고객으로 하기 위해서다. 최신 기술과 스포츠카를 선호하는 25~45세 남성 층을 겨냥하고 있다고 한다.

또한 실버 메탈릭 몸체(Body)의 머리 부분에는 「가변식 헤드라이트」를 갖추어 어두운 장소를 비추거나, 「감정」이 고조되었을 때는 빛을 번쩍거린다. 또 머리, 등(背), 꼬리 등 전신에 모두 19개의 LED 램프를 탑재하고 있어 감정표현과 동작상태 표시를 하고 있다. 별도로 판매되는 「AIBO 무선 LAN 카드」와 AIBO를 조종할 수 있는 PC 소프트웨어 「AIBO 네비게이터2」를 통해 PC로부터 원격 조작이 가능하다. 내장 카메라나 마이크를 통한 영상 및 음성을 PC 상에서 확인할 수 있다. 이로써 로봇 애호가들은 리모콘으로 조작하는 로봇의 참다운 묘미를 맛볼 수 있게 된 것이다.

「ERS-220」의 머리와 발의 구조

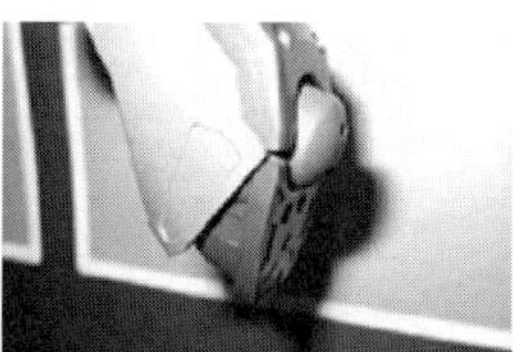

유선형의 머리 디자인을 채용함으로써 기존 "ERS-210"과의 뚜렷한 차별화에 성공하고 있다.
그리고 충격을 흡(Shock Absorb)할 수 있도록 설계 된 발 밑바닥 구조가 이채롭다.

또 AIBO의 이전 모델에 해당하는 「ERS-210」의 각 유닛(머리(Head), 다리(Leg), 꼬리(Tail))를 바꿔 끼워 ERS-220으로 변신 가능한 '220 트랜스 폼 킷' ERS-220E1」도 2001년 12월부터 발매하고 있다. '킷'은 헤드 유닛, 테일 유닛, 레그 유닛×4, 버전 업 메모리 스틱, 매뉴얼 등으로 구성되어 있다(가격은 12만엔).

이번 AIBO는 친근감 넘치는 이미지의 기존 「랏테」나 「마카론」과는 완전히 다른 형태로 개발됨으로로써 미래형 로봇 이미지를 뚜렷이 부각시키고 있다.

「ERS-210」 Vs. 「ERS-220」

출전) http://www.aibo.com/

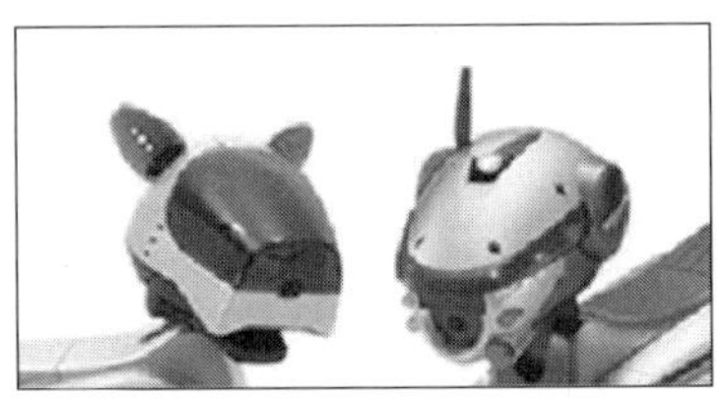

「ERS-220」의 주요 사양

출전) http://www.zdnet.co.jp/news/

제품명	AIBO 「ERS-220」
메인 메모리	64비트 RISC 프로세스
프로그램 공급매체	32MB
가동부	전용 메모리 스틱머리, 다리 등 합계 16자유도
입력부	충전 전용 커넥터, PC카드 슬롯, 메모리 스틱 슬롯
입력 스위치	음량 조절 스위치
LED 램프	페이스 사이드 램프×6, 페이스 프런트 램프×3, 등 부위의 멀티 램프×6, 테일 램프×3, 모터 램프
화상 입력	10만 화소 CMOS 센서
음성 입력	스테레오 마이크
음성 출력	스피커
내장 센서	적외선 방식 거리 센서, 가속도 센서, 스위치, 진동 센서, 온도 센서
소비 전력	약 9W
동작 시간	약 1.5시간
사이즈	약 152(폭)×296(높이)×278(길이) mm
중량	약 1.5kg(배터리, 메모리 스틱 포함)
가격	18만엔

고양이 로봇 「네코로」

「너무 리얼하다(Is this a real cat?)」라는 감탄의 목소리가 보는 이로 하여금 절로 나올 정도로 「오무론(Omorn)」(http://www.omron.co.jp/)이 개발한 고양이 로봇 「네코로(NeCoRo)」의 완성도는 높다. 이러한 이유 때문에 일부에서는 소니의 「AIBO」를 능가하지 않느냐는 의견이 제기되고 있을 정도다. 마치 고양이를 그대로 박제한 모습과도 흡사해 진짜 고양이로 착각될 정도다.

오무론에 따르면, 네코로를 제품화하기까지 투자된 시간은 기초연구까지 포함해 약 4년이라는 오랜 시간이 필요했다고 한다. 그리고 이 회사의 한 관계자는 네코로에는 "오무론의 핵심역량(Core Competence) 기술이 결집되었다"고 강조하고 있다. 핵심역량이라고 하는 것은 FA시스템사업에서 축적한 센싱 및 컨트롤의 제어기술과 함께 인공지능을 가리킨다.

예를 들면, 네코로는 자신이 상대로부터 어떠한 '대우'를 받고 있는지를 이해하고 있다. 머리와 턱 등에 촉각 센서가 내장되어 있어 두드리거나 하면 기분 나빠하고, 반대로 어루만져 주면 부드러운 울음소리를 낸다. 울음소리는 48종류나 있으며, 고양이 특유의 목 울림소리도 가능하다. 또 내장되어 있는 가속도 센서를 통해 자신의 자

세를 인식할 수가 있어, 거꾸로 매달거나 하게 되면, 성을 내며 위협
자세로 돌변한다.

진짜 고양이 모습과 흡사한 「네코로」

출전) http://www.necoro.com/newsrelease/

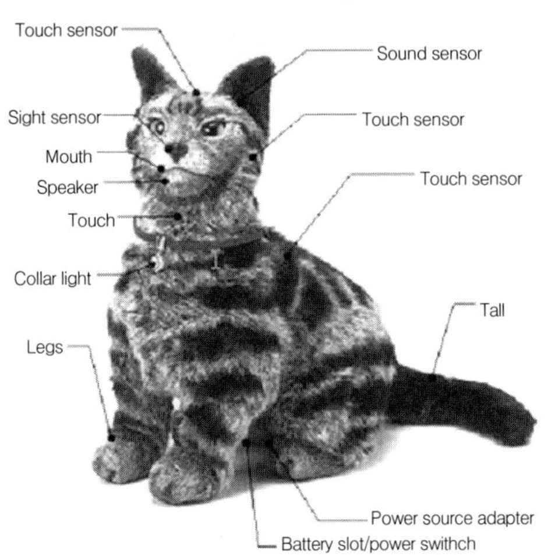

네코로의 감정생성에 관해서는 오무론의 독자적인 「MaC」(Mind
and Consciousness」모델을 활용하여 실현하였다고 한다.

분노나 기쁨 등의 표현에다가 사용자(User)가 기르는 방법에 따라
개구쟁이가 되거나 응석꾸러기가 되기도 한다. 게다가 성장과정에
따라 표현 형태도 다양해진다.

또 네코로는 다양한 목의 움직임과 눈썹, 귀, 입도 모두 움직일 수
있어 복잡한 표정이나 행동을 만들어내는데 도움이 되고 있다. 이를
테면, 놀라움이나 피곤함 등의 감정을 표현하기 위해 귀를 움직이거
나 눈을 가늘게 뜨며 머리를 갸웃거리거나 다리를 긁기도 한다. 이
러한 여러 형태의 동작이 가능하도록 프로그램되어 있다.

음성인식 기능은 네코로의 경우, 음성이 아니라 소리의 파형(波
形)을 인식하는 시스템으로 구성되어 있다.

다시 말해, 어떤 단어에 대해 반응하는 것이 아니라, 특정 파형을 가진 음성에 대해 반응하는 구조다. 그 때문에 네코로는 귀에 반복적으로 들려오는 음성을 자신의 이름이라고 판단하게 되는 것이다.

오무론의 모든 기술이 축약된 네코로이기는 하지만, 개발 관계자에 따르면 '네코로'의 개발과정에서 가장 애를 먹은 것은 인공모피라고 한다. 봉제인형과는 달리 애완동물 로봇에는 복잡한 움직임이 필요하다. 다시 말해, 네코로의 복잡한 동작에 맞추어 인공모피 (Acrylic : gray or brown)의 수축과 확대가 자연스러워야 하고, 얼굴 표정에 있어서도 마찬가지다. 그 때문에 모피의 소재문제 등 오무론이 가지고 있는 않은 노하우가 필요했다고 한다.

아울러 네코로는 2001년 11월부터 5,000대가 일본 국내에서 한정 판매되었는데, 제품 하나 하나를 모두 사람의 손으로 인공모피를 입혔다. 그 때문에 네코로 5,000대 모두 얼굴이 미묘하게 서로 다르다고 한다. 1대 당 가격은 18만 5,000엔으로 높게 책정된 것도 이러한 이유에서다.

「네코로」의 다양한 모습과 동작

출전) http://www.necoro.com/photo/

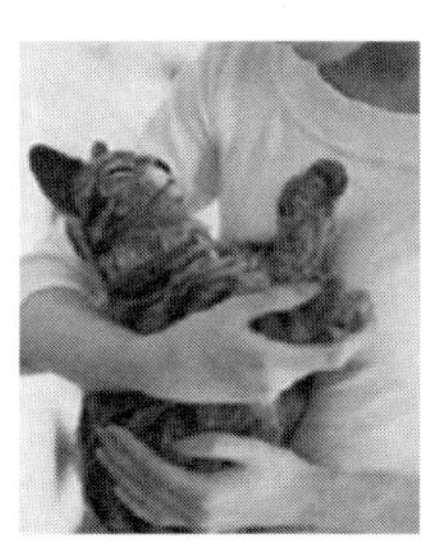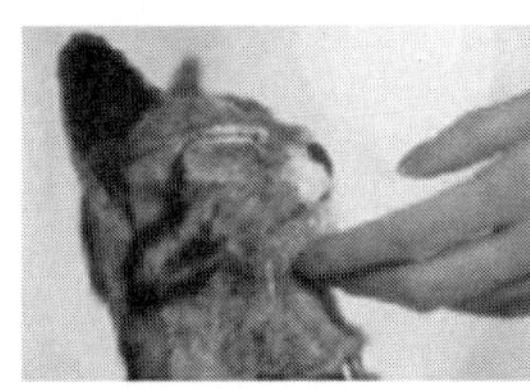

네코로는 아파트 등지에서 자체 규정상 고양이나 강아지 등 살아 있는 동물을 기를 수 없는 애완동물 애호가들에게 많은 인기를 끌게 될 것이다.

이 고양이 로봇의 무게는 배터리 장착시 1.6kg으로 너무 무겁지도 않고, 너무 가볍지 않아 안고 놀기에 적합하다.

그리고 인공모피의 털이 빠지거나 혹은 음료수를 네코로의 몸에 쏟거나 하게 되면 어떻게 할까?

이에 대비해 오무론은 애프터서비스(A/S)와 같은 형태로「모피 교환 서비스」를 제공하고 있다.

네코로의 개발 컨셉은 인간과 기계가 자연스럽게 커뮤니케이션을 할 수 있도록 한다는 발상에서 이루어진 것이다.

다만, 커뮤니케이션 할 수 있는 시간이 약 90분 정도로 매우 짧다는 단점을 가지고 있다(충전식 니켈 수소 배터리를 사용). 게다가 보행을 할 수 없다는 것도 단점으로 거론되고 있다.

이에 대해 "애초부터 커뮤니케이션 기능에 중점을 두고 개발되었기 때문에 보행 여부는 그다지 큰 문제가 아니다"고 하는 것이 오무론 측의 주장이다.

앞으로도 오무론은 애완동물 로봇분야의 사업을 계속적으로 추진할 예정이어서 조만간 걸어다니는 네코로를 볼 날도 그리 멀지 않은 것 같다.

벌레 로봇 「B.I.O. Bugs」

조만간 장난감 "벌레 로봇(B.I.O. Mechanical Bugs)"과 "강아지 로봇(AIBO)"의 한판 싸움이 시작될지도 모른다.

판매경쟁에 있어서도 어느 쪽이 시장에서 인기를 끌까하는 것 역시 관심의 대상이지만, 이들 장난감은 각각 인공지능 연구에 있어 2개의 다른 아이디어(사고)를 상징하는 존재라는 측면에서도 많은 주목의 대상이 되고 있다.

소니(Sony)의 「AIBO」로 상징되고 있는 것은 "지능을 가진" 로봇을 만드는 전통적인 어프로치, 즉 강력한 컴퓨터를 "뇌(腦)"로써 탑재하는 방식이다. AIBO는 4가지 프로세서와 복잡한 프로그래밍을 통해 동작한다. 한마디로 걸어다니는 노트PC와 같다고 할 수 있다. 「AIBO Friend」나 「AIBO Life」로 불리는 부가적인 소프트웨어(Add-on software)의 장착을 통하여 AIBO는 감정, 본능, 성장, 학습 등의 능력도 가지게 된다.

이러한 어프로치는 유효하기는 하지만, 사용자가 그만큼 비용을 지불해야 한다는 단점을 감수해야 한다. 2001년 9월 발매된 3세대 AIBO 「랏테(Latte)」「마카론Macaron)」은 약 100만원 정도로 판매되고 있기는 하지만, 그 이전 2세대 AIBO의 가격은 약 150만원, 신형

AIBO는 180만원에 달한다.

출전) http://www.wired.com/news/gallery/

바이오 메카니컬 버그즈(B.I.O. Mechanical Bugs)는 각기 다른 이름과 개성을 가지고 있다.
사진 왼쪽으로부터 신속한 "B.I.O.Acceleraider", 공격적인 "B.I.O. Predator" 방어에 강한 "B.I.O.Destroyer", 유연한 "B.I.O. Stomper"이다.

  이러한 가운데 지난 2001년 9월 미국 하스브로(Hasbro)사는 「바이오 메카니컬 버그즈(B.I.O. Mechanical Bugs)」라는 새로운 로봇을 개발하였다. 이 장난감은 현재 40달러(약 42,000원)로 판매되고 있다. 전문가들에 따르면, 바이오 버그즈는 무리를 짓거나 먹거나 싸우거나 도망치거나 할 수 있는 것 외에 자기 스스로 학습도 가능하다고 한다. 그리고 소니의 로봇 강아지와 같이 「살아 있는」것처럼 보인다고 한다.

  특히, 이 로봇은 아이들 사이에 인기가 있을 것으로 기대를 모으고 있다. 아이들이 매우 좋아하는 벌레, 로봇, 전투가 하나로 축약된 된 제품이기 때문이다.

  AIBO와는 달리 바이오 버그즈는 큰 컴퓨터의 뇌에 의지하면서 동작하는 것이 아니다. 이 벌레 로봇은 심플한 컴퓨터 칩을 몇 가지 사용하고는 있지만, 설계 베이스는 기본적인 전자회로만을 사용하여 진짜처럼 행동할 수 있는 「신경 네트워크」를 만들어 내는 로봇이다. 간단하게 말하면, 이 로봇의 포인트는 뇌(Brain)가 아니라 몸체(Body)에 있다.

바이오 버그즈를 설계한 사람은 뉴멕시코주의 Los Alamos 국립 연구소에서 로봇공학 및 물리학을 연구해오고 있는 "Mark Tilden" 이 그 주인공이다.

개발자 Mark Tilden의 벌레 로봇에 대한 어프로치 핵심은 한 마디로 뛰어난 로봇에게는 인간이 가지고 있는 것 같은 강력한 중앙 프로세서, 즉 「뇌」가 필요하다"고 하는 생각을 버리는 것이다.

"이 지구상에 사는 생물의 99%는 뇌가 전혀 없어도 아무런 문제 없이 생활하고 있다. 나는 그들의 방식을 참고로 했던 것이다"고 Tilden은 지적한다

한편, 바이오 버그즈는 AIBO와는 달리 복잡한 반응을 할 수 있도록 프로그램되어 있지는 않다. 바이오 버그즈의 반응은 독립된 회로나 센서로부터의 신호가 복잡한 형태로 조합된 결과라 할 수 있다. 바이오 버그즈는 적외선 센서를 활용해 장애물을 감지하고 동료를 찾아낸다. 자율적으로 움직일 수 있으며, 리모콘으로 작동시킬 수도 있다(Jeffrey Benner, 2001.11.2).

코알라 로봇 「Teddy」

마쯔시타(Matsushita)가 제시하고 있는 애완동물 로봇은, 소니의 AIBO 처럼 기계적인 냄새가 풍기는 로봇이 아니라, 봉제 코알라 인형과 같은 친근한 외모를 가진 것이 특징이다.

고령인구의 증가와 더불어 홀로 생활하고 있는 노인 세대가 늘어나 그로 인한 우울증, 고독사(孤獨死) 등의 사회문제가 점점 증가하고 있다. 그러나 모든 고령자가 손쉽게 사용할 수 있는 인터페이스(Interface)의 정보 단말은 좀처럼 등장하고 있지 않다.

게다가 정신적인 면을 지탱할 수 있는 정보단말 등은 전무한 실정이다.

이러한 사회적 분위기를 반영하여 마쯔시타가 개발한 인형 로봇 「Teddy」는 고령자의 안부 확인과 쌍방향 정보교환을 수행할 수 있도록 하였다. 나아가 이 로봇은 대화기능을 가지고 있어 홀로 생활하는 노인의 말벗이 되어 줌으로써 정신적인 안정감을 찾도록 하는데 도움을 주고자 개발된 것이다.

이 코알라 로봇은 사전에 입력된 키워드에 반응함으로써 간단한 회화가 가능하다.

예를 들어, 유저가 「안녕!」이라는 인사말에 대해 「컨디션은 어때요. 무슨 일이 생기면 지원센터에 연락할게요」와 같은 대답을 하거나, 「노래 불러봐!」라고 명령을 하면 등록된 동요 가운데 무작위로 선택, 노래를 부른다.

이 로봇 자체는 이미 1999년에 개발된 것이지만, 매년 계속적인 개량화가 이루어짐으로써 보다 친근한 애완동물 로봇으로 진화를 거듭하고 있다. 로봇의 등뒤 가방에는 노트북 PC를 소형화 한 것이 들어 있으며, 무선 네트워크를 통해 복지지원센터와 접속되어 있다.

코알라 로봇 「Teddy」

출전) http://www.zdnet.co.jp/news/

물고기 로봇 「실러캔스」

「미쯔비시중공업」(http://www.mhi.co.jp/)은 외형은 물론이고 몸 전체의 균형과 지느러미를 움직여 헤엄치는 모습도 실제 물고기와 완전히 흡사한 물고기 로봇 「실러캔스」를 개발하였다.

물고기 로봇의 모습

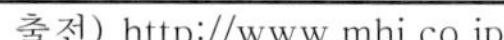
출전) http://www.mhi.co.jp/

로봇이라는 담당자의 보조 설명이 없다면 이 물고기가 로봇이라고는 어느 누구도 생각하지 못할 정도로 섬세하다.

물고기 로봇의 출발 배경은, 당시 배의 스크류(Screw)를 대신하는 추진기술을 연구하고 있었던 미쯔비시중공업의 '일렉트로닉스 기술부'가 "추진기술을 물고기의 움직임으로부터 힌트를 얻은 기술이기에 이 노하우를 역으로 사용하면 물고기와 흡사한 로봇이 가능하지는 않을까"하는 순간의 아이디어가 현재의 물고기 로봇 탄생으로 이어지게 되었다고 한다.

　물고기 로봇 실러캔스는 몸길이 70cm, 체중 약 12kg으로 몸 안에 배터리를 내장, 수중 무선정보통신을 사용한 컴퓨터 제어로 움직인다. 또 완전 오토매틱 시스템을 갖추어 배터리 용량이 얼마 남지 않았으면 자동적으로 충전기가 있는 곳까지 헤엄쳐가 자동충전을 하기도 한다.

　이러한 첨단기술을 살리게 되면 육안으로 접할 기회가 적은 심해어나 고대어 등 환상 속의 물고기 실체를 소생하는 것도 결코 꿈은 아니다. 오로지 불가능한 것은 아이디어가 존재하지 않는 실체뿐이다.

감성 로봇 「라이」

인간의 기분을 읽고 화를 풀어주는 감성 로봇이 국내 연구진에 의해 개발되었다. "한국과학기술원(KAIST)"은 인간의 감정상태를 읽어내고 이에 맞춰 행동하는 감성 로봇 「라이」를 개발했다고 지난 2001년 12월 밝혔다.

감성 로봇 「라이」

출전) http://ws.donga.com/

호랑이를 모델로 한 이 로봇은, 현재는 인간의 목소리를 듣고 화가 났는지 즐거운 상태인지를 파악한다. 장래는 눈에도 추가로 카메라를 달아 얼굴표정을 보고 찡그렸는지, 웃는지 등 사람의 감정상태

를 알 수 있도록 할 계획이다. 만일 사람이 화가 난 상태라면, 이 로봇은 애교있는 목소리로 말을 건네며, 발딱 서거나 깡충깡충 뛰는 등 귀여운 행동을 보여준다. 또 사람에게 문제를 내 수수께끼 놀이를 시작한다.

사람이 답을 맞히지 못하면 스무고개처럼 힌트도 주고, 맞히면 다른 문제를 낸다.

연구팀은 앞으로 기분을 풀어주는 음악을 틀어준다든지 우스갯소리를 하는 등 다른 기능도 이 로봇에 내장할 계획이라고 한다.

그리고 라이는 사람이 기분이 좋으면 왜 기분이 좋은지 물어보는 등 다양한 대화를 시도한다(동아일보, 2001.12.7).

커뮤니케이션 로봇「BN-1」

「반다이(Bandai)」(http://www.bandai.co.jp/)는 인공지능을 탑재한 완전 자율형 커뮤니케이션 로봇「BN-1」을 지난 2001년 2월부터 자사의 BN-1 홈페이지(http://www.bn-1.channel.or.jp/)를 통해 판매하고 있다. 판매가격이 대당 5만엔(약 50만원)이라는 높은 가격에도 불구하고 많은 인기를 끌고 있다.

커뮤니케이션 로봇「BN-1」

출전) http://www.bn-1.channel.or.jp/

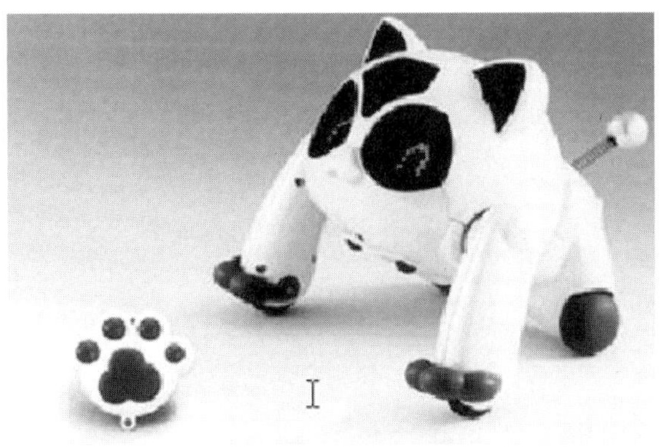

이 로봇은 '반다이'가 5년에 걸쳐 개발한 완전 자율형 로봇으로

다채로운 동작과 표정을 보여 인간과 친구처럼 놀 수 있다고 한다.

BN-1은 3가지 세트가 있는데, 그 주요 대상고객과 기능 그리고 부속품이 서로 다르다. 먼저, A세트는 초보자 및 중급자용으로 "BN-1 본체 + 프로그래밍 킷"으로 구성되어 있으며, 초보자라도 로봇 프로그래밍이 얼마든지 가능하다고 한다.

B세트는 중급자 및 상급자용으로 본격적으로 로봇제어 및 연구용 플랫폼으로 적합하다고 한다.

마지막으로 C세트는 "BN-1 본체 + 프로그래밍 킷 + C언어 개발환경"으로 구성되어 있다.

3세대 「AIBO」

3세대 「AIBO」

엔터테인먼트 로봇의 개척자이자 여전히 높은 인기를 유지하고 있는 것이 소니(Sony)의 「AIBO」다.

기존(2세대)의 각(角)지고 다소 기계적인 냄새가 나는 모습에서 봉제 곰 인형의 모습으로 다시 등장했다. "랏테(Latte)"와 "마카론(Macaron)"이 그 주인공이다. 둥그스름한 몸체를 한 디자인은 강아지 같기도 하고 한편으로 곰 같기도 한 모습을 하고 있다. 또 이 신형 AIBO는 자율적인 동작을 할 뿐만 아니라 각자의 성격을 가지고 있으며, 사용자(User)와의 교류 등을 통해 성격이 변해가기도 한다.

이러한 모습과 기능을 가진 신형AIBO 랏테를 「http://japan.cnet.com/」의 특집기사를 통해 자세히 살펴보기로 한다. 소니의 판매 전략을 이해하는데 많은 도움이 될 것이다.

둥그스름한 랏테의 외형

출전) http://japan.cnet.com/

둥그스름한 랏데의 디자인은 상냥하고 부드러운 인상을 상대방에게 심어준다. 돌출된 부품이 없기 때문에 유아용 완구로서의 안전성도 어느 정도 실현된 셈이다.
다만 가격이 높아 유아용 완구라고 하기에는 다소 부적절한 것도 사실이지만…

🧊 곰이냐 강아지냐?

　AIBO ERS-3 시리즈에는 2종류의 캐릭터가 있는데, 저마다 다른 애칭이 명명되어 있다. 랏테(ERS-311)는 아이보리(Ivory), 그리고 마카론(ERS-312)은 검정 색에 가까운 회색이다. 종전 AIBO의 기계적인 인상을 배제하고 강아지나 곰과 같은 몸체 디자인을 도입함으로써 한결 정감을 느낄 수 있게 하였다. 전체적으로 둥그스름한 디자인으로 인해 돌출된 부품도 없고, 이로 인해 과거 제품보다 안전성을 높였으며, 얼굴 인상도 부드럽고 사랑스럽게 다가오고 있다.

　랏테의 제품 패키지를 살펴보면, 본체 이외에도 매뉴얼, 리튬 이온 배터리 팩(ERA-301B1), 충전 어댑터와 어댑터 변환 플러그(사진 참조), 스탠드(사진 참조), 그리고 랏테가 가지고 노는 분홍색 볼(Ball)이 있다. 또 「AIBO 진료기록카드」라고 이름이 붙여진 유지와 보수를 지원하기 위한 설명서가 첨부돼 있고, 애프터서비스의 창구를 「AIBO 클리닉」이라고 호칭하는 등 단순한 완구가 아니라 애완동물로서 자리 매김 한 제품 기획이라 하겠다.

본체 이외의 관련 제품

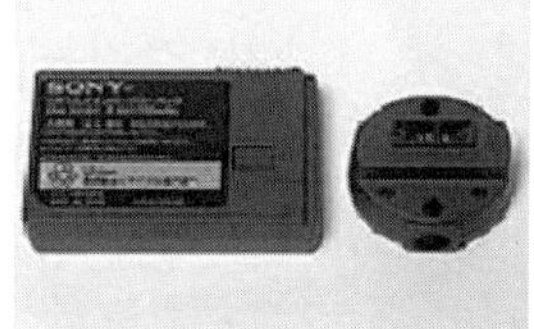

랏테의 복부 내에 장착되는 배터리와 배터리 충전용의 어댑터 변환 플러그, 그 밖의 전원코드(약 1.8m)가 달린 충전 어댑터가 있다.

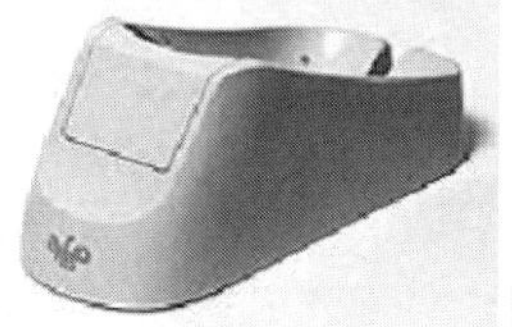

충전 등의 경우, 랏테를 쉬게 하는 스탠드

배터리와 동작시간

배터리는 랏테의 복부 뚜껑을 열고 랏테 내부에 장착한다. 충전을 할 시에는, 복부에 있는 배터리 충전 플러그용의 작은 뚜껑을 열어, 충전 어댑터를 접속한 어댑터 변환 플러그를 세팅하면 된다(사진 참조). 그리고 스탠드에 랏테를 얹어 안정된 상태로 충전을 할 필요가 있다(사진 참조).

배터리와 충전 방법

출전) http://japan.cnet.com/

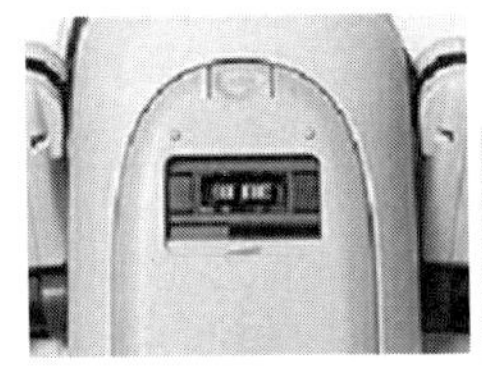

배터리를 장착한 상태로 복부에 있는 작은 뚜껑을 슬라이드 시켜 열면, 충전용 플러그가 나타난다. 이 부분은 자석으로 되어 있어 변환 플러그를 접근하면 '찰칵' 하면서 세팅된다.

충전 시에는 랏테를 스탠드 위에 얹어두면 된다.

배터리가 완전 소모된 상태에서 풀(Full) 충전까지 걸리는 시간은 약 2시간 정도이다. 충전 중에는 등 부분에 있는 램프가 오렌지색으로 빛나고 있으며, 충전이 완료되면 꺼지게 된다. 풀 충전한 상태에서 랏테는 약 2.5시간 동작하게 된다.

「랏테」의 성격과 움직임

  랏테와 마카론에는 각각 다른 성격이 주어져 있는데, 랏테는 「솔직하고 순진하며 조금 느긋한 성격의 소유자」이며, 마카론은 「응석을 부리는 활동파이며, 조금 카사노바 타입?」이라고 한다.

「AIBO Friend」 메모리 스틱

출전) http://japan.cnet.com/

이 작은 메모리 스틱에는 랏테의 「마음」이 들어가 있다.

  랏테나 마카론 모두 본체만 구입할 경우, 기본적인 자율동작은 하지만 그 성격까지 즐길 수는 없다. 각각의 성격, 캐릭터를 즐기기 위해서는 별도로 판매되는 「AIBO Friend」를 구입해야 한다. "AIBO Friend"는 랏테, 마카론의 전용 소프트웨어가 기록된 메모리 스틱이며, 이를 세팅함으로써 각각의 「마음(Mind)」, 즉 캐릭터를 갖추게 된다(사진 참조). AIBO Friend는 "AIBO-ware"로 불리는 소프트웨어 제품으로 그 외에도 태어난 지 얼마되지 않은 유아단계서터 키워나

가는 「AIBO Life」가 있다.

AIBO-ware의 셋업과 기동

"AIBO Friend" 메모리 스틱은 랏테 복부에 있는 뚜껑을 열고 내부에 있는 슬롯에 꽂아 사용한다. 복부 뚜껑은 손가락으로 누르면서 슬라이드시켜 여는 방식이나, 단단하게 닫혀지기 때문에 어린아이 등이 간단하게 열 수 없도록 되어 있다.

내부에는 메모리 스틱용 슬롯과 배터리를 삽입하는 슬롯 등이 있으며, 나아가 랏테 자체에서 생성하는 소리의 볼륨을 조정하는 스위치도 있다(사진참조). 볼륨은 음 소거와 3단계의 음량조정을 할 수 있다.

메모리 스틱의 셋팅

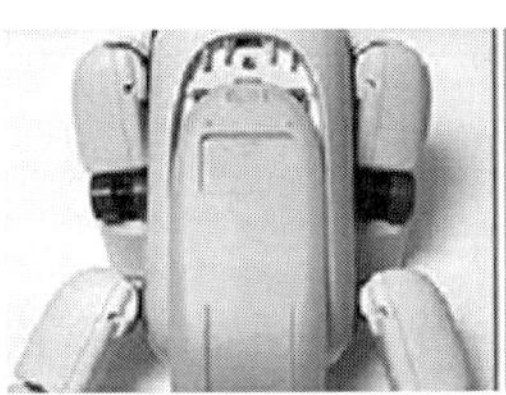

AIBO Friend 메모리 스틱을 세팅하는 경우는 랏테의 복부 뚜껑을 슬라이드시켜 완전하게 연다.

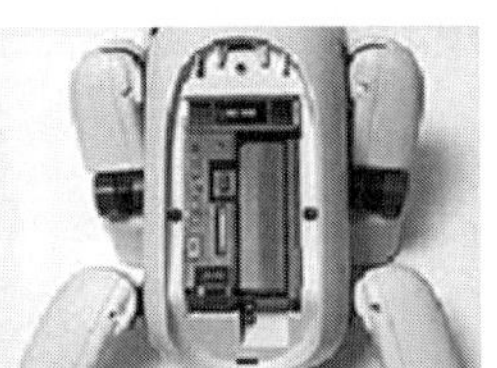

내부에는 메모리 스틱용 슬롯이나 배터리 슬롯, 그리고 스피커의 볼륨 스위치 등이 있다.

AIBO Friend 메모리 스틱을 장착하고 복부의 뚜껑을 닫은 후 랏테의 등부분에 부착된 버튼을 누르면 기동하게 된다(사진참조).

그러나 실제 랏테의 기동에는 상당한 시간이 필요하다. 등에 부착된 버튼을 누르고 난 후, 최초 동작인 Auto Play(음악과 동시에 목을 흔듦)가 시작되기까지는 15~20초 정도 걸린다.

그리고 Auto Play가 역시 30초~1분 정도 행해진 후에야 기동이
완료하게 된다. 즉, 전원 버튼을 눌러 랏테와 놀 수 있게 되기까지는
2분 가까운 시간이 필요로 하게 된다.

전원 버튼

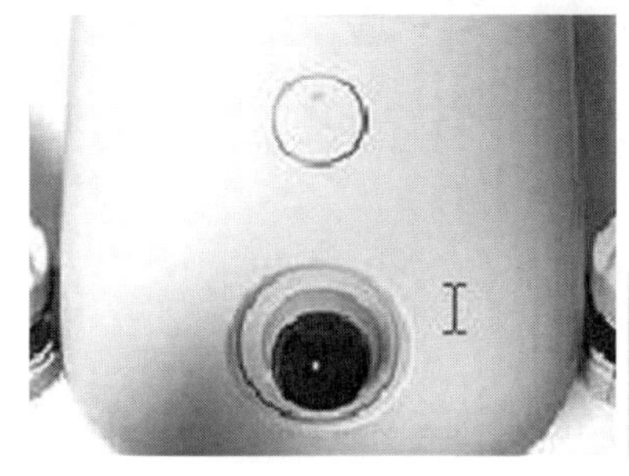

전원 버튼은 랏테의 등뒤에 마련되어 있
다. 전원이 들어가면(ON) 녹색 램프가 점
등한다. 또 전원을 끄는(OFF) 경우에도
이 버튼을 사용한다.

「랏테」의 동작 모드

자율모드와 특수모드

　기동 직후의 랏테는 「자율모드」로 움직이게 된다. 자율모드라는 것은 그 이름대로 자율적인 동작을 하는 것으로, 마음대로 돌아다니거나 사용자(User)의 이야기에 대꾸(반응)하는 등 통상적인 교류가 가능한 모드를 말한다.

카메라와 동작 모드

출전) http://japan.cnet.com/

랏테의 입속에는 소형 카메라가 내장 되어 있으며, 이를 통해 눈앞을 감시 하고 있다. 가령 분홍 볼을 발견하면 그 즉시 '논다'는 프로그램이 실행된다.
또 이 카메라로 사진도 촬영 할 수 있다.

랏테의 각종 동작모드는 꼬리 스위치의 조작을 통해 이루어 진다. 이를테면, 랏테를 귀여워하거나 칭찬하려면 꼬리 스위치를 돌려주면 된다.

또 자율 모드에서는 분홍 볼에 반응하고 그것을 뒤쫓는 동작도 한다. 랏테의 입 부분에는 소형 카메라가 내장되어 있어(사진참조), 주위의 상황을 항시 감시하고 있다.

그리고 마음에 드는 분홍 볼을 발견하게 되면, 그것을 뒤쫓아 얼굴이나 손(앞발)으로 접하는 등의 동작을 하면서 놀게 된다. 동작 자체는 조금 부자연스러우나 점차 익숙해지면 마치 강아지가 볼 장난하고 있는 인상을 받게 된다고 한다.

자율모드 이외에도 랏테가 마음대로 돌아다니지 못하도록 하는 「잠깐 휴식모드」, 수면을 하는 「슬립(Sleep)모드」, 그리고 껴안았을 때 다리 관절 등에 손가락이 끼지않도록 동작을 멈추는 「안긴 상태」, 텔레비전 등에서 흐르는 음성이나 사운드에 반응하는 「미디어 링크 모드」 등의 특수모드가 있다. 이러한 모드로의 이행은 랏테의 꼬리를 통해 이루어진다(사진참조). 이를테면, 꼬리를 오른쪽으로 3초간 넘기게 되면 잠시 휴식 모드로 이행하게 된다.

또 「안긴 상태」로의 이행은 랏테를 껴안으면 자동적으로 이행되도록 되어 있다. 나아가 랏테는 어떤 동작 등으로 인해 지치거나 하게 되면 자동적으로 「슬립모드」로 이행되고, 충분히 휴식을 취한 후 자동적으로 눈을 뜨지만(휴식시간에 대해서는 소니가 비공개), 꼬리 스위치를 통해 「슬립모드」로 전환한 경우는 자동적으로 눈을 뜨지 않기 때문에 랏테를 흔들어 깨울 필요가 있다.

🔲 랏테의 행동과 감정 표현

랏테가 취하는 「행동」에 관해서는 메뉴얼에 몇 가지 사례가 기재되어 있을 뿐 더 이상 상세하게는 기재되어 있지않다. 따라서 그 종류나 의미 등에 대해서는 불분명한 것이 많다.

예를 들어, 앉은 상태에서 다른 한쪽의 앞다리를 들어 「손」처럼 행동을 한다. 이 때 그 다리를 만지게 되면(Touch) 랏테는 기뻐한다. 메뉴얼에 따르면, 이러한 행동(Touch)은 악수를 요구하는 것으로 랏테가 판단하기 때문이다. 또한 각 다리의 끝부분에는 구(球)가 있어 센서역할을 하고 있다(사진참조).

각종 표현과 동작

출전) http://japan.cnet.com/

다리 끝 부분에는 구(球)가 있어 이것이 센서 역할을 한다. 악수할 때는 이 '구'를 누르면 된다.
또 엎드린 상태의 경우는 '구'를 누르게 되면 그 다리를 들어 인사와 같은 동작을 한다.

랏테는 뿔 램프를 통해 감정 표현을 한다. 감정은 「기쁨」, 「슬픔」, 「분노」, 「놀라움」, 「공포」, 「혐오」의 6가지이며, 각각 색이나 점멸 방법을 변화시킴으로써 표현을 한다. 또 배터리의 잔량이 적으면, 푸른색을 천천히 점멸하여 그 상태를 표현하기도 한다.

또 앉은 상태에서 양쪽 앞다리를 들어 좌우에 흔들거나 목을 흔드는 행동도 한다. 이것은 사용자가 랏테를 돌봐 주길 바라며 조르는 행동이다.

물론 랏테로부터 사용자에게 일방적으로 요구만 하는 것은 아니다. 사용자 측으로부터 이야기를 하거나 접촉함으로써 감정적인 반응을 하거나 행동을 하기도 한다.

랏테의 감정은 주로 머리 부분의 뿔 램프와 소리로 표현된다(사진참조). 제대로 악수를 하거나 머리가 아래에 향하도록 가볍게 눌러 쓰다듬거나, 「좋아 좋아」라고 말을 걸게 되면, 랏테는 기뻐하며 뿔 램프에 초록빛을 발하며, 뽐의 사운드를 연주한다.

반대로 악수를 무시하거나 머리를 위로 향하도록 가볍게 누르게 되면 「꾸짖는다」고 하는 행위로 간주하고 랏테는 뿔 램프에 푸른빛을 발하며 슬픈 소리를 연주한다.

또 계속 꾸짖거나 하면, 랏테는 화를 내고 뿔 램프가 오렌지색 빛을 발하게 된다.

계속 무시하면, 랏테는 싫증을 느껴 뿔 램프에 흰빛을 점멸하는 등 「기쁨」, 「슬픔」, 「분노」, 「놀라움」, 「공포」, 「혐오」라고 하는 6가지의 감정을 표현하게 된다.

「랏테」의 기능과 사양

🔷 말을 이해하는 랏테

랏테는 두 귀에 마이크가 내장되어 있어 사람의 말을 이해하고 그에 대한 반응을 하며 또 칭찬을 받거나 꾸중을 듣거나 하면서 성격을 형성해 나간다. 랏테는 약 80이상의 말을 이해한다.

「아이보」, 「랏테」와 같은 호칭이나 「좋아 좋아」, 「안돼」, 「힘내라」, 「조용히」, 「귀엽다」와 같은 예의를 가르치는 말과, 「안녕하세요」, 「악수」, 「손(내밀어)」 등의 인사말, 「이리와」, 「앉아」, 「전진」 등의 동작을 제어하는 말, 그리고 「별일 없어?」, 「따분해?」, 「배고프니?(배터리 상태)」 등 랏테의 상태를 묻는 말 등을 이해할 수 있다.

또 「사진 찍어」라고 명령을 내리면 입에 내장된 카메라(10만 화소 CMOS 이미지 센서)로 사진도 촬영해 준다.

메모리 스틱에는 최대 7장까지 화상이 보존 가능하고 그 이상 촬영했을 경우는 낡은 것부터 차례로 지워진다.

말은 통상적인 스피드일 경우, 명확한 음성으로 발음하면 인식률이 매우 높다. 즉, 일반적인 속도로 얘기하면 정확히 반응을 하게 된다. 반대로 빠른 스피드로 이야기하거나 조금 애매한 발음으로 얘기하면, 랏테는 고개를 갸웃거리며 「잘 모른다…」와 같은 동작을 하지만, 이 행동이 실제로는 매우 사랑스러워 사용자 가운데는 일부러 알아듣지 못하는 얘기를 건네기도 한다나 어쩐다나….

「랏테」의 귀(Ears)

랏테의 두 귀에는 마이크가 내장되어 있다. 귀로 주위의 소리를 듣고 이해할 수 있는 말이면 그에 대한 반응을 하게 된다.

출전) http://japan.cnet.com/

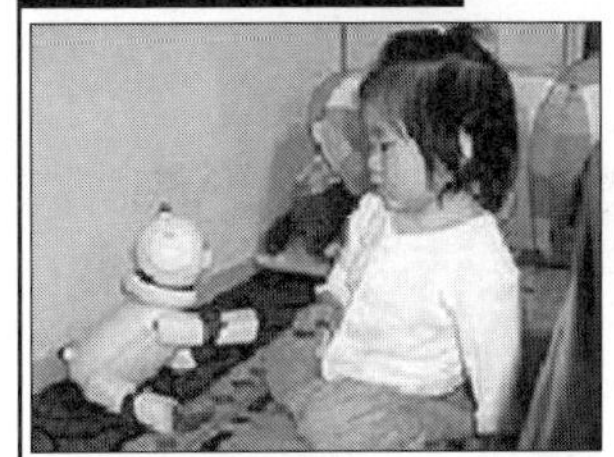

어린이와 「랏테」

어린이들에게 있어 자율적이며 다양한 동작을 하는 "랏테"야말로 매우 사랑스러운 애완동물처럼 느끼게 된다.

출전) http://japan.cnet.com/

「랏테」의 주요 사양

출전) http://japan.cnet.com/Electronics/Story/011127/ce03.html

항 목	내 용
CPU	64비트 RISC 프로세스
주요 메모리	32MB
프로그램 매체	AIBO 전용 메모리 스틱
가동부	충전 전용 커넥터
입력부	음량 조절 스위치
입력 스위치	10만 화소 CMOS 이미지 센서
화상 입력	스테레오 마이크로폰
음성 입력	스피커
음성 출력 내장 센서	적외선 방식 센서, 가속도 센서, 스위치(머리 부분 내, 꼬리, 구), 진동 센서, 경사 센서
소비전략	약 5W(표준 모드 시)
동작 시간	약 2.5시간 (Full 충전시의 ERA-301 B1을 사용 시, 표준 모드 시)
외형 치수	약 177(폭)×280(높이)×240(길이) mm
중량	약 1.5kg(배터리, 메모리 스틱 포함)

「A.I.」는 인간을 능가하는가?

▶DNA 조작

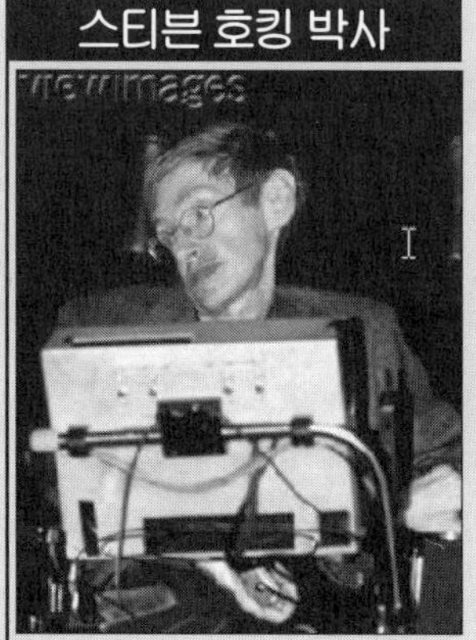

영국의 우주물리학자 "스티븐 호킹(Stephen William Hawking)" 박사는 지난 2001년 9월 발행된 독일의 잡지 「Focus」에 실린 인터뷰에서 "인공 지능(A.I.)은 비약적으로 진화하고 있어 머지않아 인류의 지성을 뛰어넘을 것이라고 말하고 있다.

인류가 거기에 대항하기 위해서는 유전자(DNA) 조작이 필요하다"고 언급했다.

출전) http://www.donga.com/

호킹 박사는 2000년에 이미 유전자 공학으로 인해 보다 큰 뇌와 높은 지능을 가진 초인류를 만들어 낼 수 있게 될 것이라고 지적한 바 있다.

이번 Focus와의 인터뷰에서 그는 인간의 뇌를 컴퓨터로 연결하여 인공 뇌를 통해 인간의 지성을 높일 수 있는 기술의 필요성을 주창하고 있다.

▶지성 로봇

위와 같은 미래를 예측하고 있는 과학자는 비단 호킹 박사만이 아니다.

Sun Microsystems의 창설자 가운데 한 사람인 "Bill Joy"는 지난 2000년 3월 스스로 지대한 기여를 한 컴퓨터 기술의 잠재적인 위험성에 대해서 지적하고 있다.

잡지 「WIRED」 2000년 4월호에 게재된 기사에서 Bill Joy는 유전자공학과 컴퓨터 기술의 융합이 인류와 생태계에 미치는 심각한 위협에 대해 경고하고 있다.

Bill Joy에 따르면, 오늘날 유전자공학의 진보로 인해 2030년 경이면 현재의 수 백만배 강력한 퍼스널 컴퓨터를 대량으로 제조할 수 있게 될 것이고, 이 수준에 이르면 현재 휴먼형 로봇 개발의 장애물이 되고 있는 동력 모터, 센서 기술, 자연어 인식 등의 문제는 아주 사소한 부분이 되어 그러한 컴퓨터는 인간 수준의 지성을 갖춘다고 한다.

"약 30년 이내에 인간 수준의 지성을 가진 컴퓨터가 실현된다고 하는 것을 예상하면서 문득 떠오르는 것이 있다. 내가 지금 수행하고 있는 도구는 장래 인류를 대체할 수 있는 기술을 낳을 지도 모른다. 이러한 사안을 어떻게 받아들이면 좋을지? 매우 불쾌하다"고 그는 내뱉고 있다.

SF 영화「A.I.」

출전) http://www.naver.com/

스티븐 스필버그 감독의 로봇의 인간화와 사랑에 대한 집념을 그린 공상과학영화 "A.I."의 한 장면.

3 실용작업 로봇

"WTC" 구조 로봇

　지난 2001년 9월 테러로 인해 무너진 세계무역센터(WTC) 붕괴 현장에서는 20여대의 수색·구조 로봇이 행방불명된 사람을 찾고 있었다.

　행방 불명자의 수색과 구조활동에 로봇이 사용되는 것은 이번이 처음이라고 한다.

　센서나 조명용 라이트, 비디오 카메라를 본체에 장착한 이 로봇들은 재해시 생존자 발견을 목적으로 개발된 것이다.

　로봇 가운데는 복부로부터 소형 로봇을 꺼낼 수 있는 캥거루와 같은 아기 주머니 형태의 로봇과 몸체를 평평하게 하여 좁은 틈새를 통과하는 로봇, 수직으로 똑바로 서서 장애물을 뛰어넘는 로봇, 주위의 상황에 따라 자세를 바꾸는 로봇 등이 있다. 또 군사용으로 설계된 극비 로봇도 출동하고 있는데 이번 구출작업에 한정해 기밀취급이 해제된 것이라고 한다.

　로봇 공학자인 "로빈 머피(Robin Murphy)"를 중심으로 하는 로봇 연구자들은 다양한 캥거루 형태의 로봇을 사용하여 구출활동에 한 몫을 하였다.

　아기 주머니 형태의 로봇이라는 것은, 대형의 「어머니(Mother)」

로봇에게 소형의 「아이(Daughter)」 로봇을 편성한 것이다.

출전) http://www.wired.com/news/

"아이" 로봇의 경우는 몸체가 매우 작기 때문에 붕괴현장의 좁은 틈새를 비집고 들어가 수색할 수 있다. "어머니" 로봇에게는 대형 배터리와 통신기, 그리고 "아이" 로봇을 조종하는 컴퓨터가 탑재되어 있다.

"아이" 로봇과 "어머니" 로봇은 케이블로 접속되어 있는 타입과 무선 접속의 2가지 타입이 있다. "아이" 로봇이 생존자의 단서를 수색하는 가운데 무언가를 발견하게 되면, "어머니" 로봇에게 전달한다. 그것을 이어받은 "어머니" 로봇은 다시 구조팀에 알리는 시스템으로 이루어져 있다.

"아이" 로봇 가운데는 자세를 바꿀 수 있는 것도 있다. 평상시는 납작한 피자상자와 같은 모습을 하고 있지만, 필요에 따라서는 직립 자세를 하여 장애물 너머를 바라볼 수도 있다. 게다가 콘크리트 덩어리 등이 있어도 이를 밀치고 앞으로 나아가는 작은 괴력(?)을 가지고 있다.

로봇이라면 사람이나 개가 들어갈 수 없는 좁은 공간에 들어가 임무를 수행할 수 있을 뿐 아니라, 로봇은 어디까지나 기계이기 때문에 임무수행 도중에 부서지거나 잃어버려도 비용(Costs) 문제를 제외한다면 큰 문제로 부각되지는 않는다. 게다가 로봇이라면 가스나 연기에 영향을 받지 않고 피로나 공포감도 느끼지 않는다(Leander Kahney, 2001.9.18).

좁은 공간에 들어가는 장면

출전) http://www.wired.com/news/

한편, 일본 과학자들이 지진으로 무너진 건물 잔해 속에 매몰된 사람들의 구조를 돕는 소형 애벌레 로봇을 개발 중에 있다고 영국의 과학 주간지 「뉴 사이언티스트(New Scientist)」지가 지난 2001년 11월 밝혔다.

이 로봇은 애벌레처럼 폈다 접었다하면서 기어다니고 넓이가 몇 센티미터 정도에 불구하며 자장(磁場)에 의해 조그만 틈 사이를 움직인다. "애벌레 로봇에는 구조대원들이 접근해도 안전한지를 알려 줄 수 있도록 전등이나 카메라 외에도 방사능이나 산소 수치 등의 요소를 측정하는 센서들을 부착할 수 있다"고 설명했다.

이처럼 세계무역센터의 붕괴 현장과 같은 극한 환경 아래에서 로봇이 구조활동의 일원으로 본격 참여함으로써 그 기능과 역할이 새롭게 주목을 받고 있다.

원격 조작 로봇 「TMSUK」

소니가 개발한 애완동물 로봇 "AIBO"를 기점으로 한 자율형 로봇이 연이어 시판되고 있어 현재 많은 주목을 끌고 있다.

여전히 애완동물로서의 용도밖에 없는 로봇이 인기를 끌고 있는 것을 보면 장래 로봇에 대한 잠재 수요를 가늠할 수 있겠다. 로봇과의 공존 사회는 이미 꿈이 아니라 현실화되고 있다.

그러나 자율형 로봇의 실용성을 고려한다면 안전면, 기술면 등에서 풀어야 할 과제는 물론이고, 실용화에는 여전히 넘어야 할 장벽들이 많이 존재하고 있다.

일본 「(주)TMSUK」(http://www.tmsuk.co.jp/)이 개발한 초원격 조종 로봇 「TMSUK」은 인간이 제어하고 인간을 대신하는 "제어형 로봇"에 타깃을 맞추어 개발된 로봇이다. TMSUK은 인간의 관리 아래 동작하기 때문에 폭주 등의 위험도 적고, 예상치 못한 사건에 대해서도 적절히 대응할 수 있도록 설계되어 있다.

PHS(간이형 휴대전화) 등의 이동통신망 회선을 사용해 원격지로부터도 TMSUK을 컨트롤할 수 있는데, TMSUK의 머리부분에 장착한 CCD 카메라의 영상을 조종장치의 모니터에 보내 조종자는 그 화면을 보면서 자동차운전을 하는 것과 같이 자연스러운 감각으로 로봇을 컨트롤할 수 있다.

「TMSUK04-2」의 모습

초원격지로부터의 조작이 가능하기 때문에 급히 먼 장소로 이동하지 않으면 안 되게 된 경우는 대리인으로서, 사람이 들어갈 수 없는 위험한 장소 및 재해장소 등에서는 작업 대행인으로서 그 활용분야는 광범위하다.

이동통신망의 이용범위 내라면 TMSUK은 그 행동범위를 제한 받지 않고 어디에서든지 자유롭게 행동할 수 있다.

또 IMT-2000과 같이 글로벌 로밍(Global Roaming)이 실현된 통신망을 이용하게 되면, 일본에 있는 TMSUK을 한국에서 조종하는 것 역시 결코 꿈이 아니다.

조작장치는 뛰어난 조작성능을 활용해 직감적으로 컨트롤할 수 있어 음성이나 시각만이 아니라 물건을 만졌을 때의 딱딱함(應力) 정도도 판단, 조종자도 로봇과 같은 체험을 할 수 있도록 설정되어 있다.

그리고 불도저에 고정해 조작시키거나 고층빌딩의 창을 닦거나 하는 등 인간이 하는 동작이나 작업대행이 가능하다. 구체적으로는 가정 내에서 활용하는 가사 로봇, 방사선이 나오는 장소와 같은 위험한 장소에서의 작업, 독거노인의 보호 및 커뮤니케이션 상대, 출장·회의대행 로봇, 원격지에서 생생하게 버추얼 관광체험, 고령자나 환자의 쇼핑 대행 등 그 활용 가능성은 실로 무한하다.

PHS망 활용 이미지

출전) http://www.tmsuk.co.jp/

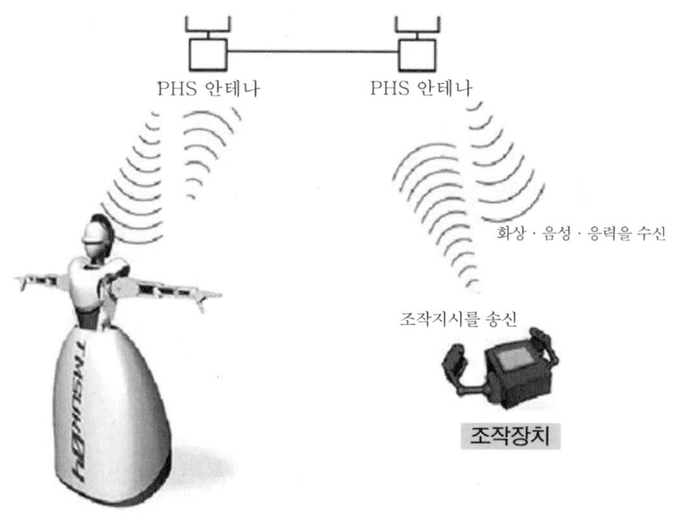

TMSUK의 원격 조작 모습

출전) http://pcweb.mycom.co.jp/

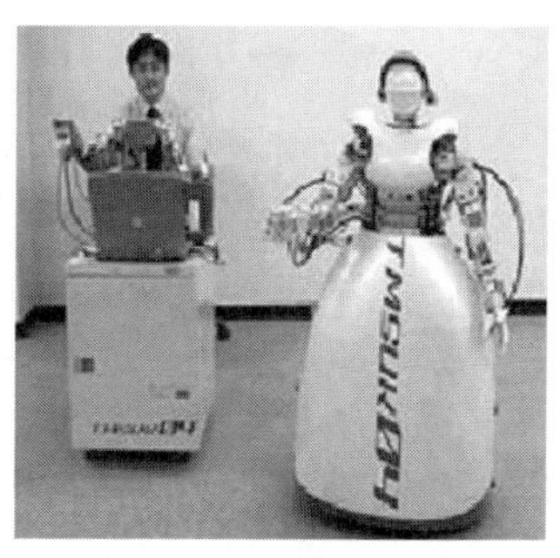

탑승 로봇「Zemos」

사람이 탑승한 상태에서 컨트롤 가능한 거미모양의 대형 6족 로봇이 국내 기술진에 의해 개발되었다. 로봇전문 벤처기업「(주)로보텍」은 관절이 달린 여러 개의 다리로 자유롭게 이동하는 6족 보행 로봇「제모스(Zemos)」를 개발, 지난 2001년 12월 서울올림픽공원에서 시연회를 가졌었다.

제모스는 사람이 탑승할 수 있도록 하기 위해 소형 자동차와 비슷한 크기를 가지며, 125cc 오토바이 엔진을 주동력으로 전방과 후방에 3개씩 달린 다리를 교대로 구동시켜 시속 6km로 움직인다.

또 본체 외부를 가벼운 FRP 소재로 제작했으며, 구동장치가 고장날 경우 자동으로 안전한 탑승자세로 돌아가도록 설계해 탑승자의 안전도 고려하였다.

지난 시연회에서 제모스는 건장한 성인을 태우고도 안정된 이동능력을 선보여 로봇업계 관계자들의 관심을 끌었는데 (주)로보텍은 우선 테마파크의 시승 로봇, 레저 분야에 제모스를 판매할 계획이라고 밝혔다.

지난 2000년 3월 출범한 신생 로봇전문업체인 (주)로보텍은 이번 탑승형 다족 로봇의 국산화를 계기로 오는 2003년까지 작업용 로봇

슈트(인간이 본체 안에서 조정하는 의복형 로봇)기술을 확보한다는 계획도 세우고 있다.

　한편, 다족 보행 로봇은 바퀴형 운송수단에 비해 속도는 느리지만 험한 지형 등에서의 주파 능력이 뛰어나 옥외작업이나 방범, 폭탄 제거 등 다양한 용도로 해외에서도 연구가 활발하다.

「Zemos」의 모습

출전) http://search.joins.com/

　국내에서는 지난 1999년 한국과학기술연구원(KIST)이 선보인 4족 보행 로봇 "센토"(4발로 움직이지만 사람이 집어준 꽃을 건네 받아 조심스럽게 물 컵에 꽃을 꽂는 '감성'을 보여준 휴먼형 로봇)를 마지막으로 이 분야 연구가 중단되었으나 제모스의 등장을 계기로 다족 보행로봇 분야에 대한 기술투자가 다시 활기를 되찾을 전망이다 (전자신문, 2001.12.13).

　하루 빨리 6족보행 로봇 제모스의 섬세하면서도 건장한 모습을 우리 주위에서 볼 수 있기를 기원한다.

개호 로봇 「레지나」

    근래 선진국의 고령화가 문제가 심각한 사회문제로 부각되고 있는 가운데, 국내 인구에 차지하는 고령자의 비율이 OECD 국가 가운데 가장 빠르다는 보고서가 나와 충격을 주고 있다.

    이러한 사회 환경변화에 대응하기 위한 시도의 일환으로 「일본 로직 머신(Japan Logic Machine Co.)」(http://www.nsknet.or.jp/)은 「레지나(Regina)」라 불리는 간호 로봇을 개발하였다. 이 로봇은 의료·요양시설이나 공공기관과 같은 복지시설을 중심으로 활용하게 될 유용한 도구로 주목을 받고 있다.

개호(Care) 로봇 「레지나」

출전) http://www.nsknet.or.jp/

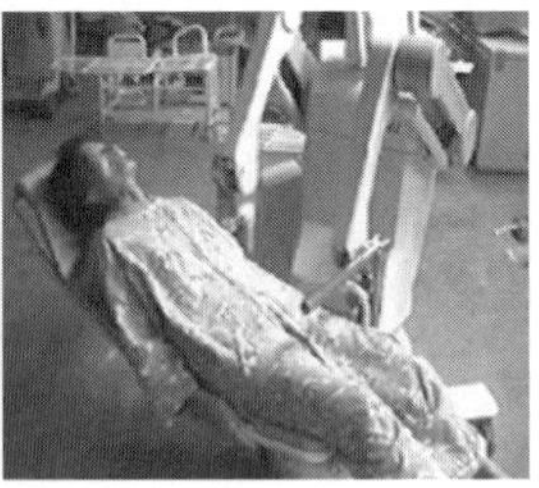

**표정을 바꿔가며
얘기하는 「레지나」**

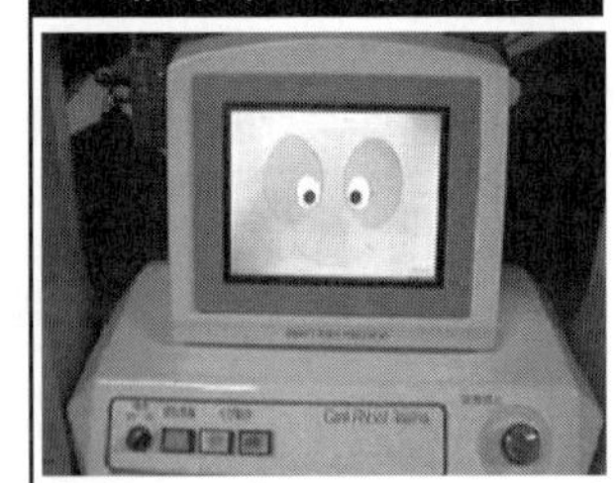

출전) http://www.nsknet.or.jp/

스스로 거동하기에 불편한 환자나 노약자의 경우 일상생활 속에서 늘상 주위의 도움은 필수적이다. 그런데 문제는 이러한 환자나 노약자를 돌보는 사람이 대부분 여성이라는 점이다. 하지만 거동이 불편한 사람을 여성 혼자 힘으로 보조하기에는 역부족이다. 특히, 환자나 노약자의 이동작업은 가장 부담이 되는 작업이라고 한다. 예컨데 입욕(入浴) 보조의 경우, 침대에서 욕조, 그리고 침대로 다시 돌아올 때까지 최저 4회의 이동작업이 수반된다. 체중 40kg 정도의 여성에서 70~80kg의 남성에 이르기까지 그 대상은 다양하다.

이러한 작업을 지원하기 위해 탄생한 로봇 레지나는 2개의 팔(Arms)이 각각 전후, 상하로 자유롭게 움직이며, 바닥에서 1.5m 높이까지 오르내릴 수 있다. 가령 환자가 바닥에 넘어진 경우에도 침대 위에 있는 것 같이 옆으로 하여, 로봇 팔 위에 태울 수가 있다.

대부분의 조작은 무선 리모콘으로 이루어진다. 의식이 분명한 환자나 노약자라면 스스로 리모콘을 조작하여 혼자서 이동하거나 하는 등의 작업이 가능하다. 레지나의 주행속도는 사람이 걷는 빠른 걸음 정도의 스피드까지 낼 수 있다.

또 이 레지나에는 간호 보조로봇이라는 본래의 목적 이외에도 이야기를 하거나 새 소리 등 효과음의 기능을 갖춤으로써 환자, 노약자에 대한 배려를 아끼지 않고 있다.

어두워지기 십상인 병상 분위기를 조금이라도 밝게 만들려고 노력한 개발자의 고심이 보이는 대목이다.

레지나를 해당 시설에 도입, 사용함으로써 입욕이나 그 외의 작업에서 간호 담당자의 부담이 한결 가벼워져 지게 되면, 보다 다양하고 세심한 보살핌이 가능하게 될 것이다. 나아가 로봇의 도입 비용이 한 사람의 연간 경비 이하라고 본다면, 내용연수 10년으로 했을 경우 인건비의 1/10 이하에 상당한다는 계산이 나온다. 경제적으로도 훨씬 유리하다는 얘기다.

달팽이 킬러 「SlugBot」

    달팽이 킬러 로봇 「SlugBot」은 현재 영국의 "서잉글랜드 대학의 지적 자율 시스템 연구소(University of West England's Intelligent Autonomous Systems Laboratory)"에서 개발 중인 작업 로봇이다.

    이 로봇은 아직 시작 단계지만 1시간에 100마리 이상의 달팽이를 잡아낼 수 있으며, 나아가 달팽이 시체를 분해하여 재활용함으로써 전기를 만들어 낼 수 있다고 한다.

    SlugBot은 세계 최초의 완전자율 로봇(Fully Autonomous Robot)을 개발하는 과정 중에서 탄생된 것이다. 완성된다면 이 로봇은 사람의 수고를 전혀 필요치 않으며 동작하는 최초의 로봇이 될 것이다. 물론 배터리를 충전할 필요도 없다.

    "SlugBot은 느리다. 얼룩말을 뒤쫓는 치타와 같은 민첩성은 요구하지 않는 것이 좋겠다. 게다가 작고 취급하기 쉽다"고 개발자인 'Ian Kelly' 박사는 말한다. 이 로봇의 외형(사진 참조)은 레코드 플레이어의 턴테이블(DJ's Turntable)에 차바퀴가 4개 달려있는 것과 같은 모습을 하고 있다. 여기에서 카본 피버(Carbon Fiber)로 된 팔이 뻗어나가 끝에 장착된 3개의 손톱으로 달팽이를 잡을 수 있도록 되어 있다. 손톱에는 달팽이를 찾아낼 수 있도록 이미지 센서가 장착되어 미끈미끈 한 달팽이를 정확히 잡을 수 있도록 되어 있다.

「SlugBot」의 외형

출전) http://www.wired.com/news/

　SlugBot의 팔은 360도 회전 가능하며, 위쪽을 포함해 반경 2m의 범위 내까지 닿을 수 있다. 울퉁불퉁한 도로나 밭을 이동하기 위해서는 대량의 에너지를 필요로 하지만 팔이 멀리까지 닿을 수 있어 그다지 돌아다니지 않아도 된다는 장점도 함께 가지고 있다.

　이 로봇은 손톱 끝에 장착된 센서를 사용해 야행성인 달팽이를 찾아낸다. 달팽이는 야간에 인간의 눈으로 찾아내는 것은 어렵지만, 특수한 붉은 전등으로 비추면, SlugBot의 이미지 센서에 밝게 빛나는 덩어리로 표시된다. 로봇이 달팽이를 찾아내면 이것을 집어 올려 탑재하고 있는 받침접시에 투입하게 된다. 받침접시는 2리터가 들어가는 아이스크림 용기 정도의 크기다.

　잡힌 달팽이가 용기를 기어올라 밖으로 나와서는 곤란하므로 저출력의 전기쇼크시스템을 사용하여 달팽이가 용기 밖으로 나오지 못하게 하는 방안도 고려중이라고 한다.

　SlugBot은 GPS(Global Positioning Satellite)와 적외선 조사식(Infrared Localization System)의 위치측정시스템을 조합하여 진행할 방향을 결정한다. 장애물은 초음파탐지기(Ultrasonic Sonar)와 충돌센서

(Bump Sensors)로 알아낸다.

밤 동안 달팽이를 포획한 후, SlugBot은 기지로 돌아가 잡은 달팽이를 발효 탱크에 넣는다. 그리고 SlugBot의 충전 중에 발효 스테이션(Fermentation Station)에서는 부지런히 달팽이를 전기로 바꾼다.

분해 박테리아에 의해 달팽이를 가연성 생물가스(Bio-gas)로 변환시켜 연료전지에 장전하여 전기를 생성한다.

달팽이를 자율 로봇의 에너지원으로 사용하려고 한 이유는 달팽이는 매우 잡기 쉽기 때문이다.

또 달팽이에는 외부골격이 없기 때문에 분해시스템(Digestive System)에 이용하기 쉽다는 장점도 있다.

나아가 달팽이는 대량으로 존재한다.

겨울 밀밭에는 $1m^2$ 당 최고 200마리나 발견될 정도이다. 때문에 해충으로서 그 피해 또한 크다. 영국만 해도 달팽이 구제에 연간 약 3,000만 달러가 소비되고 있다고 한다.

머지않아 SlugBot은 1장의 지도를 공유하여 공동작업을 행할 수 있게 될 것이다. 달팽이의 밀도가 가장 높은 지점이 표시된 지도를 사용하여 상호간에 진로를 조정함으로써 동일지역을 중복 구제하는 비효율적인 작업은 사라지게 될 것이다.

또 이 로봇을 사용하는 큰 장점에는 달팽이를 구제하는 유해한 농약 사용을 줄일 수 있게 한다. 연체동물 구제농약을 사용하면, 다른 생물도 함께 죽이는 결과를 초래할 뿐만 아니라 대량 살포됨으로서 지하수로 침투될 위험성이 있는 것이다.

SlugBot의 연구팀은 이미 SlugBot의 시작품을 완성시켰으며, 투자비용은 각 부품 합계로 약 3,000달러다.

대량생산이 이루어지면 가격은 내리게 될 것이며 유지비는 거의 들지 않게 된다.

그러나 SlugBot이 생산라인에 오르기까지는 적어도 3~4년은 걸릴 것이다. 현재까지의 테스트는 연구소 내에서만 행해지고 있다. SlugBot은 달팽이를 정확하게 인식해 표적을 겨냥하기까지는 가능하지만, 집어 올리는 작업이 잘 되지 않다고 한다. 특히 달팽이의 일부가 진흙에 묻혀있는 경우가 문제이다.

그리고 또 다른 문제는 대규모 농가라면 구매를 검토할 수 있으나, 소규모 농가에서 과연 SlugBot을 구매할 수 있는 경제적 여유가 있을지가 의문시되고 있다(Louise Knapp, 2001.10.8).

유감스럽게도(?) 우리나라 농업부문에 도입될 가능성과 필요성은 없어 보인다.

두더지 로봇

파낸 흙을 외부로 전혀 배출시키지 않고 땅에 구멍(굴)을 뚫을 수 있을까? 물론 가능하다. 두더지 로봇을 활용하면 된다.

NTT는 지난 2001년 7월, 단단한 지반에서도 토사를 밖으로 배출하지 않고 지하 관로를 부설 할 수 있는 「무배토(無排土) 고속 두더지 로봇」을 개발했다고 발표했다.

차세대 공법의 이미지

출전) http://www.ntt.co.jp/news/

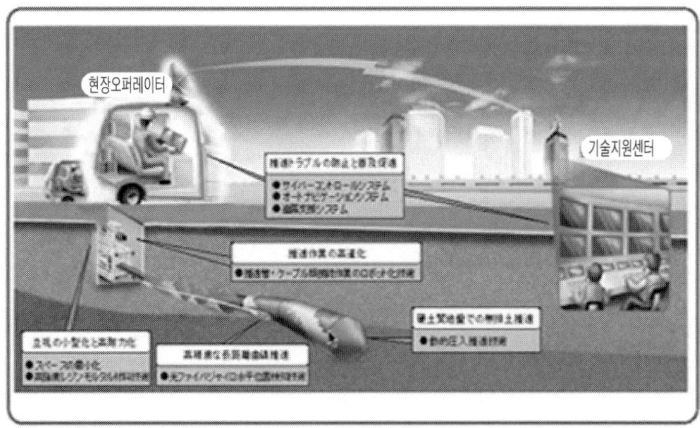

이 로봇을 활용하면 관로공사로 문제가 되는 소음진동이나 환경 파괴를 현저하게 감소시킬 수 있다고 한다.

두더지 로봇은 추진기의 앞쪽을 진동시키면서 지반(땅속)을 깎지 않고 진행하는 「동적압입(壓入) 추진기술」을 세계에서 처음으로 탑재하고 있다. 또 숙련 오퍼레이터의 기능을 집약시킨 「지식데이터베이스」를 활용해 컨트롤 지원기능을 갖추고 있어 누구라도 간단하게 로봇을 조작하여 공사를 할 수 있도록 하였다.

두더지 로봇을 활용한 새로운 공법은 철저한 코스트 다운과 고속화, 소형화를 통해 종래의 추진 공법기술을 쇄신함으로써 관로공사 시에 도로를 파헤치지 않아도 되며(NO-DIG), 관로공사에 반드시 수반되었던 교통정체, 소음·진동, 환경파괴와 같은 문제를 현격히 줄일 수 있게 되었다.

결국, 관로부설공사에 두더지 로봇을 활용하게 됨으로써 기존 방식(도로를 파헤침)의 1/2 이하까지 공사기간을 줄일 수 있고, 추진기의 소형화로 인해 공사 진행상의 공간적 제약을 해소하였으며, 땅속의 흙을 전혀 밖으로 배출시키지 않음으로써 주변환경, 자연환경에 미치는 부하도 크게 줄일 수 있게 된 것이다.

향후 이러한 로봇기술은 다른 인프라스트럭처(하수도관의 부설공사 등)나 정비사업 등 많은 분야에서 활용 가능한 기술이 될 것이다.

Coffee Break

비 과학적인 'SF'

괴물 로봇을 순식간에 녹여버리는 레이저 빔, 날개도 없이 자유롭게 하늘을 날아다니는 지구의 용사들…. 우리는 SF 애니메이션의 세계에 열광한다. 그러나 영웅들의 '멋진 폼'을 위해 사용된 표현들을 현실과학으로 짚어본다면 어떻게 될까(공상비과학대전)?

▶마징가 제트

마징가 제트, 건담, 에반게리온…. 정의의 로봇들은 언제나 두발로 우뚝 선 인간의 모습이다. 그러나 과학의 세계에서 인간 모양의 로봇이란 이래저래 불편하기만 하다.

출전)
http://my.dreamwiz.com/mazingarz/main.htm

마징가 제트의 알려진 신체 사이즈는 신장 18m에 체중 20t, 발 길이는 2m 안팎이다. 신장 180cm의 사람이 200mm 정도의 아주 작은 발을 갖고 있는 셈이다. 이래서는 안정감이 떨어질 수밖에 없다. 싸움이 끝나면 마징가 제트 밖으로 나와 석양을 바라보며 평화의 의지를 다지는 '습관'이 있는 조종사 쇠돌이(가부토 고지)로서는 무척 곤란한 일이다. 조종간을 놓고 나오면 마징가 제트는 풍속 15m/s의 바람에도 우당탕 뒤통수를 찧게 될 것이다.

▶에반게리온

SF 에니메이션에서 최강의 무기는 뭐니뭐니해도 빔 병기이다.

'레이저 빔'을 쓰는 마징가 제트와 달리 신세기 에반게리온은 포지트론 스나이퍼 라이플(양전자포)이란 '양전자 빔'을 쏜다. 그런데 이 양전자 빔이란 것이 만만치 않다. 에반게리온이 아시노 호숫가에서 빔을 쏠 때 필요한 양전자의 최소량은 1kg이다. 양전자 빔이 공기의 벽을 뚫고 2km 전방의 적에게 도달하기 위한 최소 수치다.

문제는 이 빔을 발사하면 양전자가 공기중의 전자와 부딪쳐 18경(18줄의 감마선, 방사선의 일종)이 나온다는 데 있다. 에반게리온은 양전자 빔 한방으로 비키니군도 수폭 실험의 60배에 해당하는 방사선을 발생시킨 셈이다. 지구가 평면이라면 반경 17,000km 이내의 모든 생물이 방사능 피폭으로 즉사할 분량이다. 이쯤 되면 너무한 것 아닌가?

▶울트라 맨

SF 에니메이션의 주인공, 지구를 지키는 영웅들에게는 시간제한이 따르는 경우가 많다.

예컨대 울트라 맨의 주인공은 평상시에는 보통 지구인으로 살아가지만, 위기상황에서는 무적의 울트라 맨으로 변신한다. 그러나 극중 설명을 참고하면 울트라 맨으로 변신 뒤 쓸 수 있는 시간은 딱 3분이다. 이 짧은 시간 안에 드넓은 지구를 지켜야 한다. 울트라 맨이 하늘을 나는 속도는 마하5이다. 3분 동안 전력을 다해 날아도 300km 이상 갈수 없다. 지구 반대편의 괴수를 물리치러 가다간 그만 보통 사람으로 돌아와 바다에 빠져 죽고 말 것이다(한겨레, 2001.11.9).

그렇다면 우리들이 어린 시절 동경했던 로봇들이 모두 허무맹랑한 비과학 세계의 산물이란 말인가?

아니 비과학적 세계였기에 더욱 동경심을 가졌는지도 모른다.

울트라 맨

출전) http://www.zman.wo.to/

구조 로봇 「Ice Crawler」

극한 상황에서 활동하게 될 조난구조 로봇이 근래 완성되어 실용화가 유망시 되고 있다. 고안자는 알래스카에서 고등학교에 다니고 있는 10대 쌍둥이 자매로, 중량 약 10kg, 길이 약 120cm의 로봇 「Ice Crawler」이다. 이 로봇은 사람이나 동물들이 출입하기에 위험한 장소, 예를 들면 박빙 상태의 얼음 위나 금방 발이 빠져버릴 것 같은 눈 위 등의 장소에 남겨진 조난자에게 생명의 로프를 넘겨주는 역할을 한다. Ice Crawler는 컨트롤 패널로 조작하기 때문에 구조대가 직접 조난자가 위치해 있는 위험한 장소까지 접근하지 않아도 된다.

「Ice Crawler」의 모습

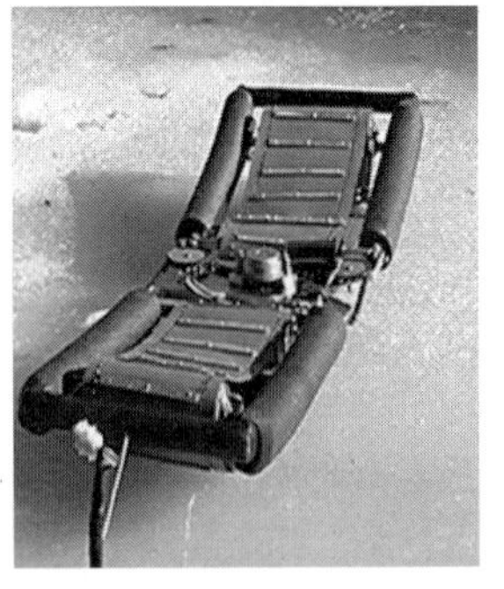

출전)
http://www.wired.com/news/

「Ice Crawler」의 개발자

17살의 쌍둥이 자매 'Hanna'와 'Heather'가 자신들의 발명품 'Ice Crawler'와 함께 포즈를 취하고 있다.

출전)
http://www.wired.com/news/

컨트롤 패널과 로봇 본체는 비닐 튜브로 씌워진 리모콘 회선으로 연결되어 있다. 이 튜브 안에는 조난자를 안전한 장소까지 이끌기 위한 로프가 들어 있다. Ice Crawler가 어느 정도까지 멀리 갈 수 있는가는 튜브 길이로 정해진다. 이번 시작품의 경우는 9m 정도이지만, 100m 가까이 늘릴 수 있다고 한다.

그리고 컨트롤 패널은 약 15×10×10cm의 작은 박스 모양으로, 로봇을 유도하는 조이스틱(Joystick), 전원 스위치, 전진·후퇴 스위치, 제어해제 스위치(Override Switch)가 붙어 있다. 제어해제 스위치를 사용하면, 속도 프로그램에 문제가 생길 경우에도 속도 컨트롤을 통하지 않고 로봇을 조작할 수 있다. Ice Crawler의 최고속도는 시속 5km 정도이므로 속도 컨트롤 없이도 로봇의 성능에는 큰 영향이 없다. 2개의 바퀴에 각각 12v의 구동 모터가 1개씩 탑재되어 있다. 전원은 12v 휴대형 배터리다. 앞부분에는 카메라를 탑재하고 있어 시야가 나쁠 때에도 구조대가 조난자의 위치를 파악하는데 도움이 되도록 하였다. 카메라가 구조대의 소형 텔레비전 모니터에 영상을 보내므로 눈 속이나 복잡한 지형으로 인해 시야가 차단되는 경우에도 Ice Crawler의 진행 방향을 볼 수가 있다고 개발자는 말한다.

또한 2개의 바퀴는 중앙 회전축에 장착되어 있기 때문에 Ice Crawler는 차체를 접어 지면 형태에 맞추어 움직일 수 있다. 게다가 중심이 낮기 때에 Ice Crawler는 눈 덮인 어떤 지형에서도 넘어지거나 하지 않고 작업을 수행할 수 있다. 그리고 기온이 영하를 밑돌더라도 유연성을 잃지 않고 작동하도록 되어있다.

한편, 조난자에게 구조자가 접근 불가능한 매우 위험한 경우라면, 로프를 옮겨 주는 로봇이 도움이 될지도 모른다. 그러나 이 경우 역시 사태가 그다지 급박하지 않는 경우에 한정된다고 하겠다. 빙판이 무너지면서 물 속에서 허우적거리는 사람에게 로봇의 도착을 기다릴 여유는 없기 때문이다(Joanna Glasner, 2001.12.19).

경비 로봇

스스로 엘리베이터에 오른 후 버튼을 누르고 빌딩의 각 층을 순회하면서 작은 불씨라도 발견하게 되면 그 즉시 소화제를 분사, 초기에 화재를 진압한다.

놀라운 점은 인간이 이러한 작업을 수행하는 것이 아니라 로봇이 한다는 점이다.

지난 2001년 12월 「TMSUK」(http://www.tmsuk.co.jp/)을 중심으로 한 컨소시엄이 공동으로 개발한 경비 로봇 프로토타입(시작품)에 대한 시연회를 있었다.

공개된 프로토타입은 신장 185cm로 동체는 직경 65cm의 원통형이다. 이 로봇은 야간에 직원들이 모두 퇴근한 후 무인이 된 빌딩 속을 엘리베이터를 이용, 순회하면서 장착된 각종 센서가 침입자나 열, 연기 등을 감지한다.

이상이 발견되면 내장된 통신기능을 활용하여 경비회사에 통보하게 된다. 그 이후는 경비회사의 원격조작으로 모드 변경이 이루어져 탑재한 소화기로 초기진화를 하게 된다.

출전) http://www.tmsuk.co.jp/index2.html

엘리베이터 속에서 등장하는 경비 로봇의 모습. 185cm나 되는 신장 때문인지 박력이 넘쳐 보인다.

자율 모드 상태에서 경비 로봇이 엘리베이터를 조작하고 있다.

배터리 스테이션에 로봇이 스스로 접근하여 그 자리에서 배터리를 교환한다. 충전을 위해 장시간 멈출 필요 없이(교환 시간 2분 미만), 순회경비를 위해 곧바로 복귀할 수 있다. 일단 충전하면 24시간 작동 가능하다.

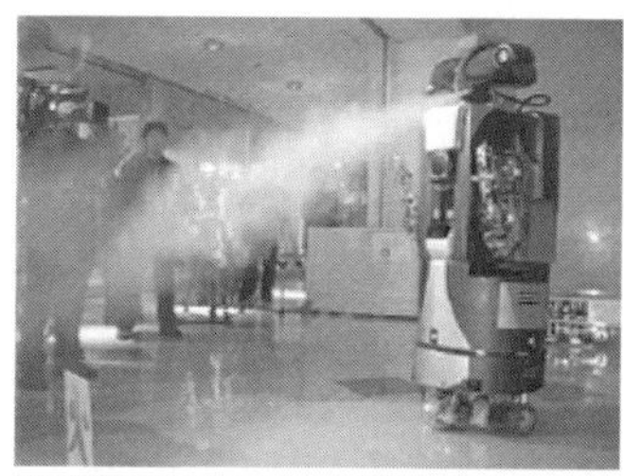

소화 외에도 음성을 통한 경고 등 범죄·사고·재해에 대한 초기 대응을 로봇을 통해 할 수 있다. 제어는 원격 조작으로 가능하다.

기존 로봇에 없는 혁신적인 점은 자율주행에다 경비원의 판단에 따라 원격조작을 할 수 있다는 것이다. 게다가 자율주행과 원격조작 모드를 바꿀 수 있어 작업을 일시 중단하지 않고서도 비상사태에 대응 가능하다.

개발 팀에 따르면 2002년 가을까지는 개발을 완성하여 경비회사 등을 중심으로 판매에 들어갈 예정이다.

개발 완성시점에는 현재보다 컴팩트하고 움직임이 순조로우며, 소비 전력량도 큰 폭으로 줄어들 전망이다.

경비 로봇의 개요를 살펴보면 다음과 같다.

❱ 주요 특징 및 기능

- 스스로 주변 환경을 지각하며 경비한다.
- 이상을 감지하면 경비 센터에 통보한다.
- 평소는 자율 모드 상태에서 순회하지만, 센터 지시에 따라 원격 조작 모드로 전환할 수 있다.
- 간단한 작업을 예상하여 두 팔을 갖추고 있다.
- 소화기를 탑재해 인화 장소에 소화제를 분사할 수 있다.
- 자동적으로 배터리를 교환할 수 있으며 장시간 연속 사용이 가능하다.
- 엘리베이터 스위치를 인식하고 해당 층의 버튼을 누르고 전원이 들어온 것을 확인하고서 엘리베이터를 오르내린다.

❱ 주요 사양

- 신장 : 185cm
- 직경 : 65cm (원통형)
- 주행 : 차바퀴를 활용하여 이동하며, 자율 주행 및 원격 조종을 통한 주행
- 팔 자유도 : 각 팔마다 6자유도
- 센서류 : 불길, 적외선, 초음파, 카메라, 마이크로폰
- 원격 제어 : 무선 LAN 또는 PHS 회선
- 사용 계산기 : 랩탑 PC (Windows98 및 Me)

물총 로봇「Robo-boat」

연못이나 작은 호수 등지에 양식되고 있는 어패류를 노리는 새들을 향해 물총을 발사해 쫓아버리는 로봇「Robo-boat」이 2001년 개발되었다.

「Robo-boat」의 모습

출전) http://www.agctr.lsu.edu/news/

미국 루이지애나 주립대학(Louisiana State Univ.)의 "LSU AgCenter"에서 개발된 Robo-boat는 양식 연못 등의 물위를 순회하며, 메기나 가재를 노리는 새가 날아들게 되면 곧바로 물을 발사해 쫓아버리는 로봇이다.

한마디로 물위의 "허수아비"로 부를 수 있겠다.

Robo-boat는 소형 보트와 같은 모습을 하고 있으며, 상부 전체에 장착된 솔라(Solar) 패널을 활용한 동력으로 최대 시속 8~11km로 추진된다. 또 좌초하지 않도록 센서도 탑재하고 있다. 이 괴이한(?) 물체가 수면을 끊임없이 이동하고 있는 자체만으로도 새를 쫓아버리는 효과가 있을 듯 하다. 첫 모델(시작품)에는 카메라와 물총(Water Cannon)을 갖추고 있다.

개발자는 LSU AgCenter의 농학 기사 "Randy Price" 박사와 "Steve Hall" 박사이다. 미국에서는 오리나 펠리칸 등 양식 연못의 치어 등을 포식해 새들로 인한 피해가 심각하다고 한다. 여기에 대한 대책의 일환으로 수산양식업자는 음향포(Sonic Cannons)나 독물 또는 실제로 저격하는 등의 비용만도 연간 2만 달러에서 10만 달러에 달하는 비용을 낭비하고 있다고 한다.

이 Robo-boat는 "환경문제를 충분히 고려(Environmentally Friendly)"하고 있다고 개발자는 언급한다. 독물로 인한 수질오염도 없을 뿐더러, 동력 역시 태양에 의한 청결 에너지를 사용함으로써 무엇보다 새들에 대해서는 위협만 할 뿐 "새에게도 친절"한 것이 특징이라고 한다. 이 로봇이 실용화되었을 때의 가격은 1대 500~600달러가 예상되고 있다.

이미 시작품은 실험에 성공하였으나, 그 장소가 아직 LSU Agcenter의 작은 연구용 연못이었다는 문제를 안고 있다. 이보다 넓은 상용 연못에서는 강한 바람으로 인한 저항이 예상되어, 현재 개발자는 바람을 이용해 동력을 절약하는 개량 모델을 준비하고 있다.

근래 로봇은 가정에도 침투하기 시작하고 있지만, 장래는 우주나 산업분야 등만이 아니라, Robo-boat과 같이 자연과 대치되고 있는 분야에서도 로봇기술의 실용이 이루어질 것이다(http://www.agctr.lsu.edu/news/, 2001.11.8).

변형 가능 모듈형 로봇

일본 「산업기술종합연구소」(http://www.aist.go.jp/)는 2001년 7월, 세계 최초로 스스로 변형하면서 이동하는 모듈구조로봇을 발표하였다. 다음 사진들을 보면서 설명해 보자.

변형 로봇의 각종 동작

출전) http://www.aist.go.jp/

초기 상태. 좌우에 4개, 중앙에 1개, 모두 9개 모듈로 구성되어 있다.

크로러(Crawler) 형태로 변형. 조용히 양끝이 부상하면서 접합한다.

크로러 형태로 이동.

인간 캐터필러와 같은 움직임을 보인다.

다리 4개 형태로 변형. 캐터필러가 종(縱)으로 늘어나고 있다.

다리의 일부분이 잘리어 4개의 다리가 된다.

4족보행 개시. 고속은 아니지만 움직임은 순조롭다.

느릿느릿 걷기 시작한다.

이 로봇은 스스로 자신의 구조를 변화시켜, 다양한 입체형상을 구성할 수가 있다고 한다. 모듈은 6개의 탈착면(脫着面)과 2개의 회전구동부(回轉驅動部)로 구성된 심플한 구조다. 모듈끼리는 영구자석으로 결합하며 형상기억합금 엑츄에이터(Actuator)로 이탈하는 구조이며, 자율적으로 탈착(脫着)이 이루어진다. 결합 면에는 전극을 갖추고 있어, 그것을 통해 각 모듈에 신호나 전원공급을 한다. 현재는 외부로부터 유선으로 전력을 공급받고 있으나, 장래는 배터리 등을 내장하는 방법을 검토하고 있다.

이 로봇에는 9개의 모듈로 캐터필러(Caterpillar)와 같은 "크로러(Crawler)형" 로봇에서 다리 4개의 로봇으로 변형하며 이동할 수 있다. 현재는 아직 각종 센서나 소프트웨어가 개발 중이어서 외부로부터 입력한 프로그램에 따라 사전에 설정된 움직임을 한다.

또, 제작한 모듈 수가 아직은 적어 9개로만 접속이 이루어지고 있으나, 산업기술종합연구소에서는 더 많은 모듈을 접속한 시뮬레이션도 행하고 있다.

다수 모듈 집합체의 장애물 통과 시뮬레이션

출전) http://www.aist.go.jp/

산업기술종합연구소에 따르면, 가까운 장래는 모듈에 외부환경을 감지할 수 있는 각종 센서를 달아 각 모듈이 자율적으로 동작을 완결하는 분산제어를 실용화해, 미지의 환경에서도 적절한 이동이나 작업을 실시할 수 있게 할 계획이다.

GPS를 이용한 작업 로봇

「후지중공업」(http://www.fhi.co.jp/)은 인공위성을 활용하여 옥외에서 작업용 차량의 무인운전을 가능하게 하는 「옥외자율주행 로봇시스템」을 개발했다. 이 시스템은 복수의 인공위성을 활용한 GPS(GPS : Global Positioning System)와 지자기방위(地磁氣方位) 센서 및 거리 센서로부터의 정보를 통해 오차 200mm 이하의 고정밀도로 자신의 위치를 인식, 미리 기억해 둔 경로를 주행하면서 소정의 작업을 실시하게 된다.

시스템의 구성 이미지

출전) http://www.fhi.co.jp/news/

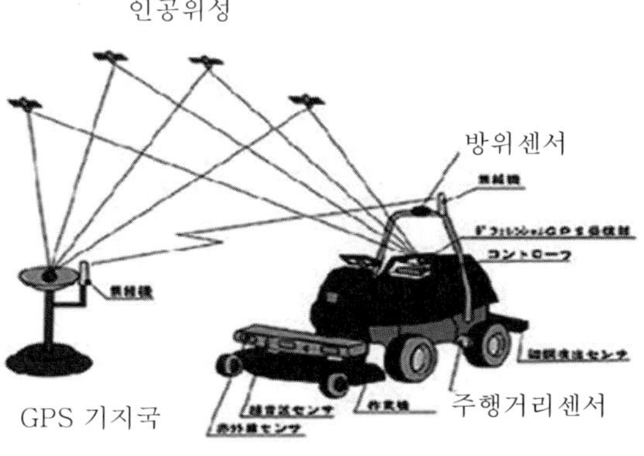

이 시스템은 농기구 등 기존 작업용 차량에 간단한 개조작업을 통해 탑재할 수가 있다.

이를 통해 차량의 자동운전이 가능해져 작업 효율화와 에너지 절약, 위험 작업 무인화 등을 통해 재해방지는 물론이고, 혹독한 기상조건이나 심야 작업시 작업자의 부담경감 등 작업환경의 대폭적인 개선을 꾀할 수 있게 되었다.

이 풀베기 로봇은 변환레버조작을 통해 유인운전과 자동운전으로 변환이 가능하다. 작업자가 유인운전으로 행한 작업내용 및 주행 경로를 최대 120시간까지 기억시킬 수가 있고, 그에 따라 자동운전을 실시하기 때문에 복잡한 자동운전 프로그램 작성이 불필요하고, 특별한 기술을 필요로 하지 않기 때문에 누구라도 용이하게 취급할 수가 있다.

또 장애물 센서 등 각종 센서를 갖춘 위험회피 기능을 갖추고 있어 높은 안전성도 확보하고 있다.

후지중공업은 향후 자사의 옥외 자율주행 로봇시스템을 농기구만이 아니라 창고 등 옥외시설의 경비나 점검, 짐 운반, 살수와 같은 반복작업과 안전성 확보 및 에너지 절약이 요구되는 분야로까지 확대할 계획이라고 한다.

냄새의 달인 「Robo Lobster」

랍스터(Lobster)의 후각 메커니즘을 어뢰탐지에 활용하는 로봇이
탄생하게 된다. 머지않아 지뢰나 어뢰제거에 냄새탐지 로봇부대가
활약하게 될지도 모른다. 로봇들이 사람을 대신해 위험한 장소나 상
황 아래 인공후각을 활용하여 폭발물 찾아낸다.

로봇 랍스터

출전) http://www.wired.com/news/photo/

랍스터는 냄새 판별에 있어서는 어떤 생물보다 우수하다고 평가
받고 있는데, 이 랍스터의 메커니즘을 이용해 뛰어난 후각을 가진
로봇을 제작하려는 것이다. 랍스터의 촉각(코)은 진화를 통해 대단
히 효율적으로 냄새를 구분할 수 있게 발전되어 왔다. 그러한 메커
니즘의 해명을 통해 랍스터와 동일한 기능의 로봇을 만들어 낼 수

있을 것이다. 지구상의 많은 물질들은 서로 다른 냄새를 발산하고 있다. 화학적인 냄새입자가 강의 하류나 바람의 진행 방향으로 옮겨 가는데, 대량 생산된 지뢰나 어뢰 역시 예외가 아니다. 지뢰나 어뢰를 대량생산하면, TNT가 누출된다. 여기에도 냄새가 있어 인간은 모르지만, 적절한 센서를 사용하면 감지할 수 있다고 한다.

이 연구는 스탠포드 대학(Stanford University), 캘리포니아 대학 바클리교(University of California at Berkeley), 오하이오주립 볼링그린 대학(Bowling Green State University)의 3대학이 공동으로 수행하고 있다. 연구의 초점은 랍스터가 냄새입자를 어떤 과정을 거쳐 그 발생 근원을 밝혀내는지를 해명하는 것이다.

전문가에 따르면, 랍스터는 그다지 머리가 좋은 생물은 아니라고 한다. 그러나 냄새추적에 관해서 만은 확실히 달인(Whiz)이라는 것이다. 물이 심하게 요동을 쳐 냄새입자가 흩어졌을 때도 랍스터는 정확히 목적물을 발견 할수 있을 정도다.

연구팀은 지금까지의 연구만으로도 냄새입자의 구조에 대해서 많은 정보를 얻을 수 있었다. 냄새입자는 믿을 수 없을 만큼 정밀한 입체 구조를 가지고 있음을 알았다. 예를 들면, 굴뚝에서 나오는 연기는 큰 구름처럼 보인다. 그러나 랍스터의 구분방법과 같이 구름을 잘게 나누어 분리하면, 매우 세밀한 구조까지 밝혀진다. 랍스터의 촉각은 이 구조를 흩트리지 않고 잡을 수 있다는 것이다.

이처럼 촉각의 크기나 동작(Motion), 활동에 대해서는 많은 정보를 얻었지만, 랍스터가 냄새 입자로부터 수집한 정보를 사용해 어떻게 냄새의 발생 근원을 밝혀내는지는 여전히 해명되지 않고 있다.

이 연구는 미국방부의 국방고등연구계획청(Defense Advanced Research Projects Agency)과 미해군연구국(Office of Naval Research)이 운영하는 "냄새의 화학입자 추적프로그램"의 자금지원을 통해 이루어지고 있다(Louise Knapp, 2002.1.2).

24시간 접속 로봇 「후렛츠」

「NTT서일본」(http://www.ntt-west.co.jp/)과 「다카라(Takara)」 (http://www.takaratoys.co.jp/)는 지난 2001년 9월, "NTT서일본"의 「후렛츠(Flet's)」 회선을 이용하여 외출지에서도 휴대전화와 같은 휴대단말 등을 통해 원격제어할 수 있는 가정용 로봇 「후렛츠 로봇 (Flet's Robot)」을 개발했다고 발표했다.

「후렛츠」의 모습

로봇이라고 해도 스스로 손과 발을 움직일 수 있는 것도 아니고 (양손이나 머리의 방향을 수동으로 바꿀 수 있다), 변형이나 합체도

할 수 없으나, 24시간 접속이 가능하기 때문에 다양한 용도로 활용할 수 있다.

이를테면, 후렛츠 로봇은, '후렛츠 ADSL'이나 '후렛츠 ISDN'을 통해 인터넷 접속이 가능한 PC와 USB 케이블로 접속해 이용하는 로봇이다.

본체의 크기는 95×93×160mm로 몸집이 작으며, 몸체 칼라는 블루와 분홍의 2종류가 있다.

양손과 복부에 적외선 송수신 장치가 들어있어 리모콘 조작이 가능한 텔레비전이나 비디오, 조명장치 등을 컨트롤할 수 있다. 주요 메이커의 텔레비전이나 비디오는 미리 셋팅되어 있으며, 그 이외의 것은 등록하면 된다. 또 오른쪽 눈에는 10만 화소의 CMOS 센서를 갖추고 있다. 후렛츠 로봇을 외부에서 컨트롤하기 위해서는 사전에 Windows PC에 전용 소프트웨어를 인스톨하여 e-메일 어드레스를 설정해두면 된다.

그럼 여기서 후렛츠 로봇의 다양한 기능과 특징을 자세히 살펴보기로 하자.

적외선 송수신

비디오, 텔레비전, 조명 등 가정의 전기제품들을 컨트롤 할 수 있다. 모든 적외선 리모콘을 이 한 대로 제어 가능하다.

사용하고 있는 리모콘의 적외선 신호가 기록되기 때문에 어떤 리모콘 제어도 가능하다.

원격 컨트롤

휴대전화로 원격 컨트롤이 가능하다. 인터넷 접속이 가능한 단말을 사용하여 원격지에서 직접 컨트롤할 수 있다.

후렛츠 회선으로 접속되어 있으면 항상 각 기능의 스위치와 스케줄 변경 등을 자세히 설정할 수 있다.

🧊 스케줄 기능 탑재

비디오의 타이머 녹화도 가능하며, CS 튜너를 기동시켜 비디오와 연동시킨 녹화도 간단히 할수 있다.

하루를 전부 트레이스(Trace)할 수 있어 아침에 눈을 뜨고서부터 비디오를 예약, 애완동물의 상태를 메일로 받고, 귀가하기 전에 각 룸(Room)을 환기시킬 수 있다.

CD를 들으면서 잠이 들어도 1시간 후에 전원을 끊는 등 모든 것이 관리 가능하다.

🧊 디지털 카메라 탑재

인터넷 접속 단말(휴대전화 등)을 통해 원격지에서도 방(Room)의 상태를 확인할 수 있다.

정지화면을 촬영하여 영상을 그 자리에서 확인할 수 있다. 또 촬영한 영상을 e-메일에 첨부하여 송신할 수 있다.

한편, '후렛츠 ADSL' 유저 확대를 위한 캠페인 상품으로 지난 2001년 9월부터 10월까지의 계약자 가운데 추첨을 통해 선물하였으나, 2002년부터 2만엔을 밑도는 가격으로 시장에 내놓을 예정이다.

출전) http://www.zdnet.co.jp/broadband/ (NTT西日本)

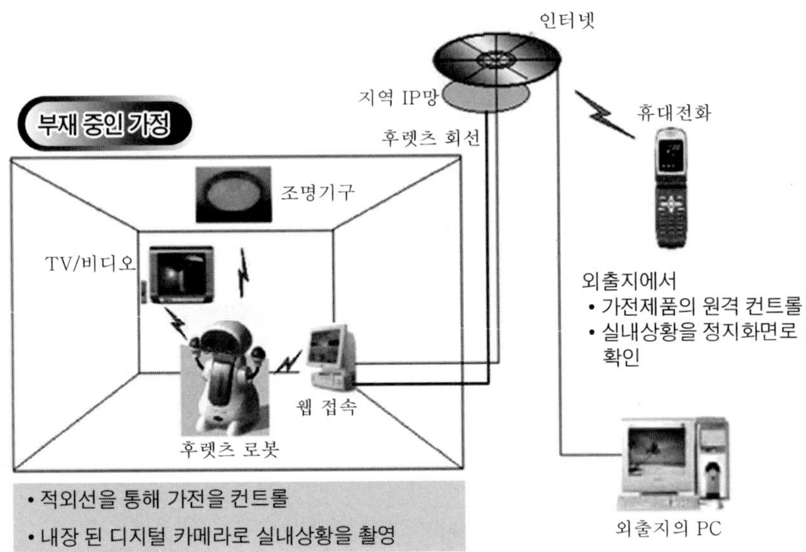

위험 작업용 로봇 「롭해즈 I」

    지뢰를 탐지하고 화재현장에서 구조작업을 수행할 수 있는 로봇이 국내 연구진에 의해 개발되었다. 한국과학기술연구원(KIST) 휴먼로봇센터는 가파른 지형도 쉽게 오르내릴 수 있는 원격 제어 로봇 「롭해즈 I」이 2001년 7월에 개발되었다.

「롭해즈 I」의 이동 모습

출전) http://www.dongascience.com/

    롭해즈 I은 전차의 캐터필러와 같은 바퀴가 좌우에 두 개씩 달려 있어 계단도 쉽게 오르내릴 수 있으며, 장애물을 감지하는 초음파 센서와 자세를 바로잡기 위한 3차원 센서, 눈 역할을 하는 입체 카

메라 등이 장착되어 있다. 특히, 조종자가 쓰고 있는 헬멧의 스크린에 로봇이 보내온 영상이 나타나 조종자가 현지에 있는 것과 같은 느낌으로 로봇을 조종할 수 있다.

또한 로봇이 장애물을 만나면 조종자가 잡고 있는 원격 조종용 조이스틱(Joystick)에 힘이 전달되어 로봇이 처한 상황을 바로 인식할 수 있도록 하였다.

롭해즈 I 은 재난현장에서 인명구조에 사용될 뿐 아니라 지뢰탐사, 화학무기가 살포된 지역의 정찰 등 군사용으로도 활용할수 있다고 개발자는 밝히고 있다(동아일보, 2001.7.25). 역사 속으로 사라진 세계무역센터(WTC) 붕괴 현장이나 생화학물질이 살포된 장소처럼 인간이 접근하기 어려운 상황 아래에서도 인간 이상의 능력을 발휘할 수 있는 로봇이라면 그 잠재 가능성은 무한하다고 하겠다.

화성 개발 로봇

현재 미국에서는 가까운 장래 미지의 우주탐사를 상정하여 개발이 진행되고 있는 로봇이 있다. 이는 로봇의 활동공간이 지구상이 아니라 이미 우주로까지 확대되고 있음을 의미하고 있다.

미항공우주국(NASA)의 연구기관 "Jet Propulsion Laboratory"는 장래 화성(火星)에서 활동하게될 자재운반 로봇 「Robotic WorkCr-ew」를 개발, 이제는 이들 로봇끼리 연계하여 공동작업을 수행하도록 하는 프로그램 「Control Architecture for Multi-robot Planetary Out-posts」의 연구개발이 진행되고 있다.

로봇 단독으로 동작시키는 것보다도 한층 다채로운 일들을 효율적으로 처리할 수 있어 혹성 탐사 프로젝트의 중요한 책무를 담당할 것으로 기대되고 있다.

자재 운반 로봇 「Robotic Work Crew」

출전) http://www.jpl.nasa.gov/

　Robotic Work Crew는 차체에 4개의 바퀴를 장착하고 있으며, 자재를 집어들 수 있도록 굴절 팔(Arm)이 장착된 파워 쇼벨(Power Shovel)과 같은 모습이다(사진참조). 로봇의 주요 임무는 팔로 자재를 집어들고 목적지까지 옮기는 일을 담당하게 된다.

　일전에 이루어진 Control Architecture for Multi-robot Planetary Outposts의 실험은 2.5m의 길고 가느다란 합판 형태의 자재를 2대의 Robotic Work Crew가 동시에 집어들어, 50m 이상 떨어진 장소까지 안전하게 운반하는 것이었다.

　이동지점은 장애물 등이 배치된 평탄치 못한 도로여서 센서를 통해 진행방향 상황을 파악하고, 2대가 서로 정보를 공유, 인공지능으로 정확한 판단을 내려 장애물을 회피하면서 주행하지 않으면 안 된다. 다행히 실험은 성공적으로 끝내 프로그램 개발이 순조롭게 진행되고 있음을 엿볼 수 있었다.

　일반적으로 작업 머신이 하나의 물건을 공동으로 옮기기 위해서는 이동속도나 진행방향을 일일이 맞추어야하는 등 높은 난이도의 높은 협력작업이 필요하다. 더욱이 이번 실험은 그 작업을 보다 엄격한 조건(환경) 아래에서 오퍼레이터의 보조 없이 자동운전으로 성공시켰다는데 그 의의가 크다.

　Jet Propulsion Laboratory에서는 혹성탐사를 목적으로 다양한 특성을 가진 기계(로봇) 개발을 추진해오고 있다. 서로 연계해 공동작업을 수행할 수 있는 프로그램 완성으로 우주연구 개발계획에 더욱 탄력이 붙게 될 전망이다.

그 외 로봇

그 외 로봇

🔲 로봇 「Cog」

MIT가 개발한 로봇 「Cog」. Cog의 카메라 눈으로 사람들의 움직임을 추적 가능하다.

게다가 자기학습(Self-educated) 능력도 있다. 사진 오른쪽에 보이는 것은 Cog의 새로운 얼굴이다.

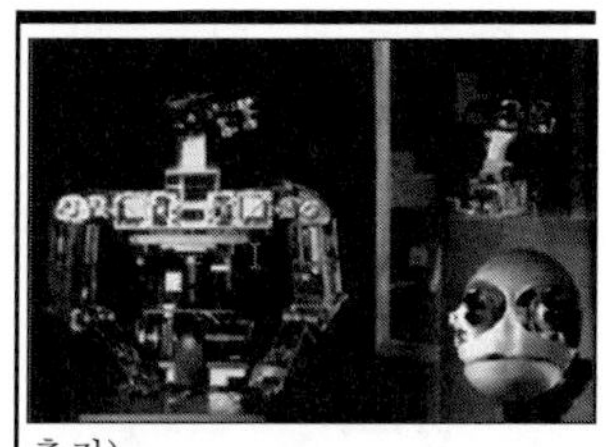

출전)
http://www.businessweek.com/

🔲 로봇 「Nomad」

미항공우주국(NASA)이 개발한 로봇 「Nomad」. 극한 지역 남극에서 운석을 찾아내고, 우주에서 로봇을 위해 길을 닦는 역할을 한다.

출전)
http://www.businessweek.com/

🔲 로봇 「Kismet」

MIT가 개발한 로봇 「Kismet」은 인간의 머리 부분만을 본뜬 로봇이다. 인공지능을 통해 사람과 커뮤니케이션을 하는 가운데 자기학습(Self-educated) 능력이 있을 가지고 있다. 인간의 표정과 행동을 파악해 그 의미를 이해하며 응답이 가능하도록 개발이 진행되고 있다.

출전)
http://www.businessweek.com/

이미 Kismet은 고도의 커뮤니케이션이 가능하다. 인간과 자연스러운 대화를 할 수도 있고, 그냥 방치하면 토라져 버리기도 한다. 로봇의 주의를 환기할 수도 있다. 눈앞에 손가락을 내밀어 여기를 보도록 얘기하면, 다른 대답을 하고 있어도 "집중"을 한다. 이것은 사회적인 행동으로서 매우 중요하다고 한다. 주의를 환기시키면 자신의 생각을 중단하고 상대방의 말에 귀를 기울일 수 있기 때문이다.

🔲 맹도견 로봇

일본 야마나시대학(山梨大學)과 민간기업 4사가 공동으로 개발한 「맹도견(盲導犬) 로봇」 시작품 20대가 완성, 2002년부터 야마나시의대 부속병원에서 시험 운용되게 되었다.

위생상의 문제로 맹도견을 데리고 들어갈 수 없는 병원 등지에서 그 활약이 기대되고 있으며, 빠르면 3년 뒤에는 실용화를 계획이라고 한다.

이 로봇은 내장된 비디오 카메라와 초음파 센

출전)
http://headlines.yahoo.co.jp/

서로 장애물의 위치와 신호등, 점자블록 등을 인식하고 컴퓨터 처리해 전동모터를 제어하게 된다. 사전에 목적지까지의 경로를 입력해 두면, 손수레처럼 핸들을 잡고 있는 이용자를 천천히 걷는 속도로 유도한다.

신호등의 색, 통행 차량의 유무 등도 음성으로 알려 준다.

개발은 일본 정부로부터 약 1억 8,000만엔의 보조를 받아 민간기업과 공동으로 추진하여 왔다.

현재는 1대 약 400만엔으로 높은 가격이지만, 장래 양산화가 이루어지게 되면 100만엔까지 그 가격을 낮출 수 있을 것으로 기대되고 있다.

미래 컴퓨터

오늘날의 반도체 컴퓨터와는 전혀 다른 차세대 컴퓨터 기술이 속속 등장하고 있다. 뇌를 구성하는 신경세포와 반도체 회로를 연결한 컴퓨터 개발연구가 진행되는가 하면, 원자 하나 하나를 조작해 컴퓨터 CPU(중앙처리장치)처럼 계산을 하게 하는 양자 컴퓨터 기술도 발전하고 있다.

최근에는 DNA와 효소를 이용한 분자 컴퓨터의 기본연구도 상당한 성과를 거두고 있다.

미래컴퓨터의 특징

종 류	CPU에 해당하는 것	특 징
반도체-생체 연결 컴퓨터	신경세포를 배양해 만든 인공두뇌	• 스스로 판단하는 능력 • 반도체 컴퓨터보다 훨씬 뛰어난 인식능력
양자 컴퓨터	배열된 원자	• 현재의 슈퍼컴퓨터보다 수만배 빠른 연산속도
분자 컴퓨터	효소·DAN분자	• 핏줄 속을 돌아다닐 수 있을 정도로 작은 컴퓨터 제작 가능

▶ 반도체-생체 연결 컴퓨터

독일 막스 플랑크 연구소의 "귄터 제크" 박사팀은 반도체 회로와 달팽이의 신경세포를 연결, 전기신호를 주고받는데 성공했다고 최근 발표했다. 이는 미국 국립과학원 논문집을 통해 소개되었다.

과학자들은 "지금은 반도체와 신경세포 한 두개를 연결하는 수준이지만, 더 발달하면 반도체 회로와 신경세포의 집합체인 두뇌를 연결한 혁신적인 컴퓨터를 만들 수 있다"고 말한다.

현재 반도체 컴퓨터는 두뇌와 달리 스스로 판단하는 능력이 없는데, 반도체 회로와 두뇌를 결합해 판단력을 갖춘 컴퓨터를 만들 수 있다는 것이다.

또 키아누 리브스 주연의 영화 '코드명 J' 에서처럼 컴퓨터와 두뇌를 전송선으로 연결해 데이터를 주고받는 것도 가능하다. 이론적으로는 인간의 두뇌에 기계의 몸을 가진 사이보그(Cyborg)도 만들 수 있다.

▶ 양자 컴퓨터

한국과학기술연구원(KAIST)은 2001년 여름 0에서 7까지 숫자의 덧셈, 뺄셈을 할 수 있는 초보적인 양자 컴퓨터를 개발했다.

양자 컴퓨터는 원자의 '스핀'이라는 성질을 이용해 계산을 한다. '2와 3을 더하라'는 신호를 자기장으로 바꾸어 액체 속에 든 원자들에 걸어주면, 원자의 스핀이 '5'에 해당하는 값을 나타내는 식이다.

양자 컴퓨터는 보통 컴퓨터의 CPU로 치면 3비트 짜리에 해당하는 것으로, 64비트인 현재의 PC에는 아직 크게 못 미친다. 현재 세계적으로는 7비트의 양자 컴퓨터가 개발되어 있다. 양자 컴퓨터는 비트를 하나 늘리는 과정이 대단히 힘들어 개발에 시간이 걸린다고 한다.

양자 컴퓨터가 주목받는 이유는 지금의 슈퍼컴퓨터와 비교할 수 없이 빠른 컴퓨터를 만들 수 있기 때문이다. 이론적으로 원자 40개를 결합하면 1조개의 데이터를 동시에 처리할 수 있다는 것이다.

▶ 분자 컴퓨터

세계 최고 권위의 과학잡지 네이처(Nature) 최근호는 효소와 DNA가 계산을 하도록 했다는 연구 논문을 게재하고 있다. 이스라엘 와이즈만 연구소의 "에후드 샤피로" 박사팀의 연구 결과다.

양자 컴퓨터와 비슷하게 '2와 3을 곱하라'는 명령을 전기신호로 바꿔 효소와 DNA가 든 액체에 가하면, 효소가 DNA 분자의 염기서열이 '6'을 나타내는 상태로 변하도록 만들어 놓는다는 것이다. 이렇게 효소와 DNA를 이용한 것이 분자 컴퓨터다. 분자 컴퓨터의 장점은 DNA 분자와 효소로 구성되는 CPU를 눈에 보이지 않을 정도로 작게 만들 수 있다는 것이다. 분자 컴퓨터는 사람 몸 속을 돌아다니며 암세포 등을 찾아내 처치하는 마이크로 로봇에 붙여 사용할 수 있게 될 것이다(권혁주, 중앙일보, 2001.12.3).

4 청소 로봇

경비 겸용 「V4 Robotic Vacuum」

오스트레일리아의 벤처기업 "FloorBotics"사는 「V4 Robotic Vacuu-
m」이라고 이름 붙여진 청소 로봇을 지난 2001년 개발했다.
아래의 사진과 같이 이 청소 로봇은 반구형의 디자인으로 위 부분
이 진한 블루 색상을 띠고 있다.

「V4 Robotic Vacuum」의 모습

출전) http://home.swbell.net/fontana/

본체의 크기는 직경 및 높이 모두 약 40cm로 전기밥솥을 조금 크
게 한 것 같은 사이즈다. 배터리를 포함한 본체 중량은 8kg으로 이
가운데 절반은 배터리 무게여서 본체는 매우 가볍게 설계된 셈이다.
보디는 플라스틱(FRP)과 같은 재질로 만들어져 있어 그러한 부문

이 경량화에 많은 도움을 주고 있다고 보여진다.

「AIBO Friend」 메모리 스틱

출전) http://www.zdnet.co.jp/news/

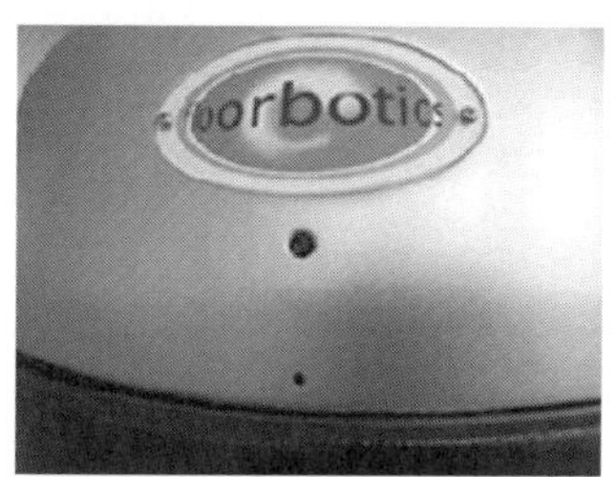

본체 앞 부분에 웹 카메라를 탑재하고 있는 모습

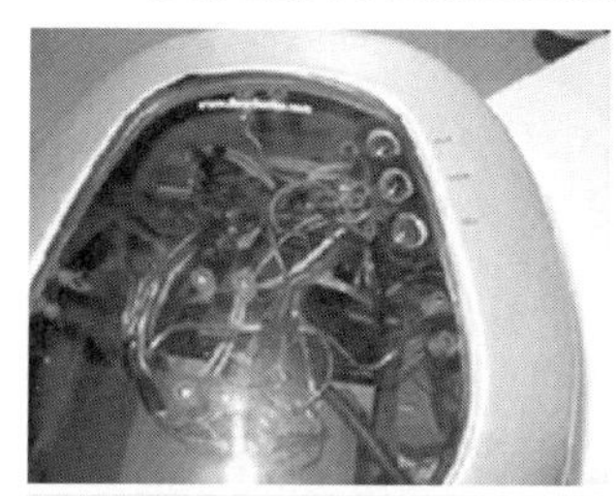

배선이 복잡하게 얽혀있는 내부 모습

이 로봇의 본체 앞부분에는 웹(Web) 카메라가 탑재되어 있어, TV 신호 및 무선 LAN으로도 그 데이터를 송신할 수 있다.

가정용 TV나 PC로 영상을 볼 수가 있다. 뿐만 아니라 원격지에서도 방 청소상황을 확인할 수 있어 장애인·고령자 모니터링이나 경비와 같은 보안시스템에도 응용할 수 있다고 한다.

실제 청소는 본체 하부에 회전 브러쉬가 있어 그것이 쓰레기를 끌어올려 진공으로 흡입하게 된다.

본체 버튼은 「Start」, 「Pause」, 「Stop」의 3가지로 매우 심플하다.

장애물은 본체에 탑재된 센서로 확인하며 피해나간다.

장애물 회피의 경우 적외선이나 초음파 등을 사용하는 것이 일반적이지만, 이 로봇은 'FloorBotics' 사가 독자적으로 개발한 센서를 탑재하고 있다.

상하 180도, 수평 360도의 장애물을 인식할 수 있다.

청소능력은 장애물이 없는 장소의 경우 시간 당 360m^{2}이며, 가등 장애물이 있는 존재하는 곳이라면 1시간 당 90m^{2}를 할 수가 있다.

4시간 충전으로 약 1~3시간의 연속 운전이 가능하다.

나아가 웹 카메라 기능만 사용한다면 몇 일 동안은 작동 가능하다
고 한다.

오스트레일리아에서는 지난 2001년 말 1,500달러로 판매하고 있으
며, 특히 일본시장에 큰 관심을 가지고 있어 홈페이지도 영어 외에
일본어판도 이미 갖추고 있다.

일본에서의 판매는 2002년으로 보여지고 있으며, 예상가격은 17만
~18만엔이 될 것이라고 한다.

'FloorBotics' 사의 홈 페이지

출전) http://home.swbell.net/fontana/home.html

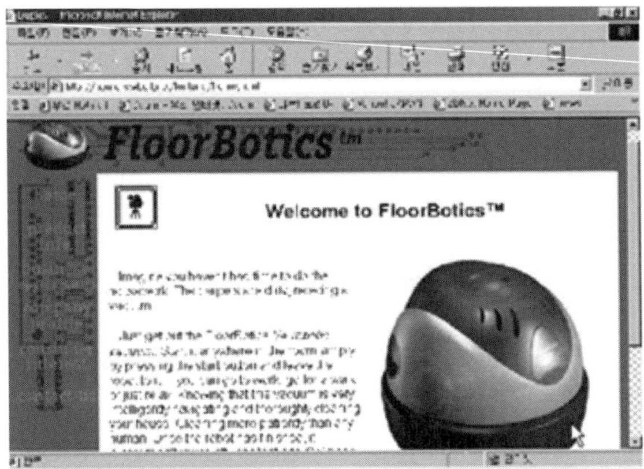

실시간 인식 「지소지마루」

국내는 물론이고 국외에서도 차세대 청소기의 개발경쟁은 이미 시작된 것 같다. 산요(Sanyo)가 지난 2001년 11월 「로보페스타 가나가와 2001」에 출품한 청소로봇 「지소지마루(じそうじ丸)」는 방(Room)의 형상을 기억하는 학습능력과 자신의 자그마한 몸체를 살려 좁은 장소에도 비집고 들어가 청소를 할 수 있다는 것이 큰 특징이다.

가구 옆에 숨어있는 「지소지마루」

출전) http://www.zdnet.co.jp/news/

더욱이 지소지마루의 움직임은 기묘하다. 벽에 계속적으로 부딪치면서 청소를 한다는 것이다. 그 이유는 방의 윤곽(지도)을 검출하기 위해서라고 한다. 본체에는 접촉형의 전방위 센서를 갖추고 있어 방이 매우 복잡한 형태로 되어 있거나, 장애물(테이블이나 의자 등)이 있어도 부딪치는 순간에 방향전환을 함으로써 방 전체를 구석구석 까지 청소할 수 있다고 한다.

방의 형태를 리얼타임으로 인식

지소지마루의 몸체는 높이 150mm, 직경 290mm로 고양이와 강아지의 사랑스러운 모습이 혼재된 디자인이다.

한마디로 애완동물 감각의 청소 로봇이라고 해도 좋을 것 같다. 개발메이커 산요에 따르면, 지소지마루는 레이저 기류 해석기술을 근거로 하여 먼지 수집부의 흐름이 순조롭게 이루어질 수 있는 구조로 개발하였다고 한다. 회전 브러쉬만으로 쓰레기를 흡입하기 때문에 소비전력이 적으며, 배터리도 소형화할 수 있었다고 한다.

다시 말해, 충전식 청소기를 소형화하기 위해서는 효율적인 먼지 수집 구조가 개발의 핵심 포인트라는 것이다.

덧붙여 지소지마루의 제품화에 대해 산요에서는 "시기는 미정"이라고 못박고 있으나, 그 판매 가격은 40만~50만엔 정도가 될 것이라고 한다.

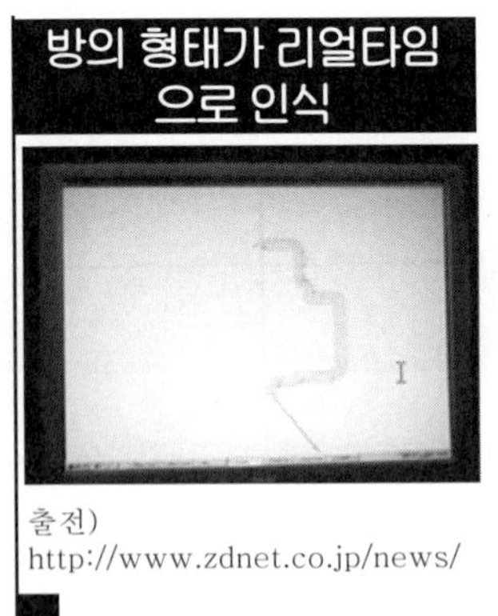

출전)
http://www.zdnet.co.jp/news/

출전)
http://www.zdnet.co.jp/news/

가정용 홈 로봇 「아이작」

국내기업 「(주)우리기술」(http://www.wooritg.com/)은 차세대 정보통신 기술과 「KIST 지능제어연구센터」(http://bio-mics.kist.re.kr/)의 센싱 및 지능로봇기술을 결합하여 가정용 홈 로봇 「아이작(ISSAC)」을 공동개발, 지난 2001년 5월 'KOFA 2001'에 출품 전시하였다. 높이 71.5cm, 직경 40cm, 중량 20kg의 경량 로봇인 아이작은 8개월의 개발 기간과 총 6억원의 개발비가 소요되었다고 한다.

아이작은 PC에 인공지능과 홈 오토메이션 제어기능이 부여된 PC 기반의 생활로봇으로 주인의 음성명령을 인식하고, 무선 인터넷 검색으로 기사와 날씨에서 MP3 음악까지 들려줄 수 있는 정보검색과 오락기능을 갖추고 있다.

또한 아이작은 인간의 눈을 대신할 수 있는 카메라를 갖추고 있어 주변에 대한 영상을 실시간으로 디스플레이 및 전송할수 있고 향후 연구를 통하여 실시간 물체인식 능력을 부여받게 된다. 장애물을 감지할 수 있는 수십 개의 초음파·적외선 센서도 가지고 있어 웬만한 장애물은 사람처럼 피해 다닐 수 있고, 입력된 경로를 따라 다니면서 진공청소를 수행할 수 있다.

더욱이 음성인식과 음성합성 기능 등으로 사람이 지시하는 간단한 단어들을 알아듣고 반응할 수 있어 음성명령에 따라 집안 청소 등 다양한 동작이 가능하다. 특히, 보안기능을 내장하고 있어 침입자를 발견하고 영상을 저장한 후 이를 방범회사나 경찰 등에 신고하는 방범기능까지 갖추고 있다고 한다.

이들 기능을 단독으로 갖춘 홈 로봇은 개발된 바 있으나, 각종 기능을 통합한 첨단 홈 로봇은 아이작이 국내 최초라는 평가다. 향후 생활을 기반으로 하게 될 아이작은 가정용 PC 시장을 잠식하면서 홈 오토메이션의 허브(Hub) 역할을 수행할 것으로 전망된다.

일본을 중심으로 국외에서는 가정에서 유용하게 사용할 수 있는 로봇이 잇따라 등장하고 있다. 인간과 자연스런 대화가 가능한 로봇에서부터 고령자를 돌봐주는 로봇, 2족보행 로봇 등 기능과 가격에서 다양한 로봇들이 출시되어 일반인들의 많은 관심을 모으고 있으며, 머지 않아 국내에도 이러한 가정용 로봇의 보급과 활용이 일반화되는 시대가 도래할 것으로 예측된다. 국내에서는 아이작이 이와 같은 다양한 기능을 구현한 최초의 로봇이라는 점에서도 그 의의가 크다고 하겠다(http://www.wooritg.com/kr/). 현재 아이작은 해당 개발기업이 상용화를 위해 박차를 가하고 있는데, 2002년 중에는 가능할 것으로 보고 있다. 가격은 500만~700만원 정도로 예상하고 있다.

Probotics의 「Cye」

위에서 언급한 'V4 Robotic Vacuum'보다도 한 발 앞서 가정 내에서 활약하는 청소 로봇이 미국에서 발매되고 있다. 이 로봇의 이름은 「Cye」로 「Probotics」(http://www.personalrobots.com/)사가 가정과 사무실에서 실제 활용 가능한 '도구'로 개발·판매한 것이다. 가격은 695달러로 'Probotics'사의 홈페이지에서만 판매를 하고 있다.

Cye의 주요기능은 도구를 운반하거나 별도 판매의 부속품(Attac-hment)을 장착함으로써 자동적으로 청소를 하게 된다. 단점으로는 직접 음성으로 명령을 전달하는 것은 불가능하며 반드시 PC로부터 지시를 내리도록 되어 있다는 것이다.

Cye를 작동시키기 위해서는 먼저 전용 소프트웨어를 PC에 인스톨하여 통신장치를 PC에 부가해야 한다. Cye를 작동시키면 방안을 돌아다니며 장애물 등을 체크하고 그 정보를 PC로 송부하여 방안이 어떤 상태인지 정보를 기록한 지도(윤곽)를 만들게 된다. 이미 앞서 거론한 "지소지마루"와 동일한 기능이다.

그 다음부터는 Cye가 스스로 장애물을 피해나가면서 스스로 움직이게 된다. 나아가 시간을 지정하면 설정된 시간에 제품을 전달하거나 항상 같은 시간대에 청소를 하거나 주인에게 매일 동일한 시간대에 신문을 침대까지 배달할 수도 있다.

'Probotics' 사의 홈 페이지

위에서 언급한 것과 같이 Cye는 철저히 도구로써의 활용을 목적으로 개발되었다. 그러나 이러한 Cye 역시 문제가 없는 것은 아니다. 먼저 명령을 하지 않으면 작동하지 않는다는 것이다.

PaPeRo와 같이 명암이나 음성을 파악할 수 있는 기능이 없어, 스스로 판단하는 것은 불가능하다. 청소의 경우에도 장애물은 인식하지만, 바닥에 떨어져 있는 것이 쓰레기인지 여부는 구별하지 못한다. 또 바퀴로 움직이므로 우리나라의 주택과 같이 단차나 문지방이 많은 장소에서는 그 행동 범위가 자연히 좁아질 수밖에 없다.

하지만 사무실이나 공장 등과 같이 바닥이 평평하면서도 넓은 공간이라면 그 활용 범위는 매우 넓다고 보여진다.

때문에 일정 사이클로 물건을 운반하거나 이동할 필요가 있는 부문에서는 사람을 대신할 수 있겠다.

더욱이 일반 개인이 구입할 수 있는 정도의 가격설정도 큰 강점이라 여겨진다.

Dyson의 「DC6」

위에서 사례로 들은 "Cye"보다 더욱 타깃을 압축한 로봇이 영국에서 이미 발매되고 있다. 이 로봇은 「DC6」라고 불리고 있는 청소기 로봇으로 발매기업은 'Dyson' 사이다.

이 기업은 "Dust Pack"이 불필요한 청소기를 개발함으로써 영국 청소기 시장의 약 50%를 점유하고 있다.

「Cye」의 모습

출전) http://www.personalrobots.com/

DC6는 Cye처럼 PC로 명령을 내릴 필요가 없다.

청소기의 스위치를 넣고 빠른 속도로 청소를 할 것인지 아니면 천천히 청소를 할 것 인지의 속도를 결정한 후 시작 버튼을 누르게 되면 청소를 시작한다.

처음에는 방안의 주위를 돌고, 점차 안쪽을 돌면서 청소를 하게 된다. 청소 종료는 로봇이 스스로 판단한다. 25mm까지의 단차는 넘을 수 있지만, 그 이상의 단차와 계단 등 청소할 수 없는 곳은 호스를 연결하여 통상적인 청소기로써 사용할 수도 있다.

DC6에는 50개 이상의 센서가 장착되어 있으며, 청소기에 탑재된 컴퓨터에 정보를 송신하고 있다.

이 때문에 가구와 침대, 안경 등의 장애물에 대해 회피할수 있는 능력을 갖추고 있을 뿐 아니라, 계단을 판단하고 어린이가 올라타게 되면 정지하는 등 독자적인 판단능력도 갖춘 청소기 로봇이다.

또 청색, 녹색, 적색의 "기분 표현 램프"가 부착되어 있어 애완동물이나 어린이에게 놀림거리가 되거나 하면 적색램프가 점등한다. 장애물을 피할 때에는 녹색, 아무런 문제없이 청소를 하고 있을 때에는 청색램프가 점등하게 된다.

이 로봇은 청소기로서는 막강한 기능을 갖추고 있으나, 가격이 약 250만원에 달해 높은 판매가격이 보급의 장벽이 되고 있다. 그러나 향후 가격이 내리게 되면 수요는 급속히 늘어날 전망이다.

IT 자동차 「pod」

지난해 "도쿄 모터쇼 2001[2001.10]"에서 많은 주목을 받은 컨셉 카(Concept Car)가 하나있다. 자동차가 갖추어야 할 기본 부분은 도요타(Toyota)자동차가, 인간과의 인터페이스 부분은 소니(Sony)가 개발을 담당한 자동차 「pod」이다.

"pod"는, "감정표현 가능", "차 주인과의 교류를 통해 성장"과 같은 종래의 자동차에서는 생각조차 할 수 없는 혁신적인 기능을 갖춘 자동차이다. pod가 가지고 있는 첨단 기능과 특징 등을 철저히 해부해보기로 한다(http://www.zdnet. co.jp/news/).

컨셉 카 「pod」(Toyota)

출전) http://auto.ascii24.com/auto24/

▶ 기능 1 : 주인을 마중?

개는 먹이시간이나 산보시간이 되면 꼬리를 격렬하게 흔들어 주인에게 애정 표현을 한다. pod 역시 자신의 주인(운전자)이 가까이 다가오면 그와 비슷한 행동을 취한다. pod에는 「Mini pod」라고 하는 기묘한(?) 모양을 한 전용열쇠(Key)가 있다. 이 Mini pod와 pod는 무선으로 서로 통신을 취하여 차 주인이 접근하고 있음을 pod가 감지하게 되면 차고(車高)를 높여 도어를 열고 차 주인을 맞아들이게 된다.

이 경우 차 주인은 마치 자신이 대단한 사람이나 된 것과 같은 희열을 맛보게 될 것이다. 운전 중에는 이 Mini pod를 센터 컨솔(Center Console)에 끼워둔다.

그리고 Mini pod를 센터 컨솔로부터 꺼집어내게 되면 엔진은 정지하고 pod는 차고를 낮추어 "숙면" 상태로 들어간다. 개에 비유하자면 땅에 납작 엎드리는 것과 같다고 하겠다.

외관과 프론트 인테리어

pod가 차 주인을 맞이하고 있다.

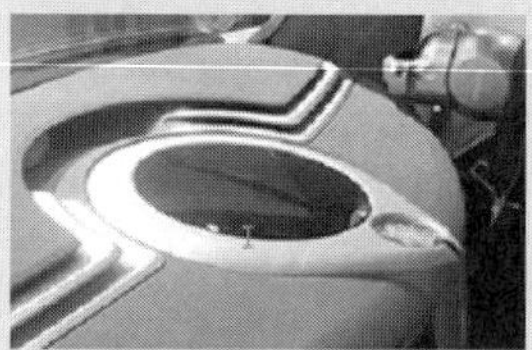

중앙에 보이는 것이 센터 디스플레이어며, 각종 정보가 표시된다. 그 아래에 있는 것이 Mini pod를 끼워두는 스페이스이다.

시트와 운전방법

시트에는 음향시스템을 탑재하고 헤드 레스트에는 재생능력을 가진 스피커를 탑재하는 등 각종 AV 기능이 구비되어 있다.

pod에는 핸들이 없으며, 엑셀/브레이크 페달 역시 없다. 모든 것이 위 사진에 보이는 것과 같이 "드라이브 컨트롤러"에 집약되어 있다.

▶ 기능 2 : 희노애락?

앞에서 언급한 환영(Welcome)의 퍼포먼스는 pod의 특징이라 할 수 있는 감정표현의 일부에 지나지 않는다. pod의 진가는 다름 아닌 주행 중에 발휘된다.

먼저, 어떤 감정을 표현 가능한지 살펴보기로 하자. 감정표현의 종류에는 「환영」, 「건강」, 「분노」, 「숙면」, 「공포」의 5가지가 있으며, 보닛(Hood)의 헤드램프(눈), 헤드램프 커버(눈썹), 타이어(손발), 안테나(꼬리)의 움직임을 조합하여 외부에 감정을 전달한다. 「분노」의 경우는 보닛이 붉은 빛을, 「공포」의 경우에는 보닛이 푸른빛을 발하게 된다.

그럼 어떨 때 화를 내거나 공포를 표현하게 될까? 소니의 담당자에 따르면, 상정하고 있는 시추에이션으로는 가솔린이 떨어지기 일보 직전이라면 '공포모드', 옆길에서 사람이 뛰어들어 위험한 경우 등은 '분노모드'가 되어 경고표현을 하게 된다고 한다.

나아가 pod와 pod 사이에는 회화를 할 수도 있다고 한다. pod가 2대 있으면, 「전파혼(Horn)」이라 불리는 무선통신을 통해 「진로를 양보해 주세요」 「감사합니다」등의 메시지를 상대방 자동차 내부에 음성으로 전달할 수가 있다. 현재의 경우 운전자가 직접 수신호를 보내거나 또는 램프를 깜빡여 상대방에게 의사를 전달하는 것이 일반적이지만, 가까운 장래에는 이러한 스마트한 방법으로 의사를 주고받는 것이 표준화 될 가능성도 있겠다.

▶ 기능 3 : 운전기술 평가?

pod의 감정표현은 자동차 외부로 표현되는 것만이 아니다. 운전자에 대해서도 감정을 그대로 드러낸다는 사실이다.

pod는 센터 컨솔에 있는 메인 디스플레이로 운전자의 테크닉을 평가하고, 초급에서 상급까지 판정을 한다. 예를 들면, 급발진, 급가속을 반복하는 운전자라면 「초급」, 반대로 평소 부드럽게 운전을 하는 사람이라면 박수의 아이콘이 표시되어 pod로부터 상급자로 인정받게 된다.

또 운전자만이 아니라 동승자와도 커뮤니케이션이 이루어질 수 있도록 각 좌석에 갖추어져 있는 액정 디스플레이에도 초급의 경우에는 우는 얼굴의 아이콘이, 상급의 경우에는 웃는 얼굴의 아이콘이 표시되도록 되어 있다.

단 한번에 학과와 실기의 모든 시험을 통과한 운전자라면 실제 운전경험이 없게 마련

이다. 그러나 pod와 같은 자동차를 소유하고 있다면, 항상 운전 기술향상을 객관적으로 테스트 받을 수도 있게 되어 안전운전과 더불어 자신의 운전실력을 키울 수 있을 것이다. 한편으로 사랑하는 그녀나 혹은 가족과 함께 모처럼 만의 드라이버 중에 운전기술이 초급이라고 판명되면 때로는 체면이 구겨지는 수모(?)를 당할 수도 있다. 하지만 아무리 신중한 운전이라도 pod의 냉정한 눈을 속일 수 없다.

왜냐 하면, pod는 운전자의 숙달 정도를 측정하는 데 그치지 않고 「초조감의 정도」를 측정하는 기능도 갖추어져 있기 때문이다. 초조감의 정도라는 것은 운전시 맥박과 땀의 분비 정도를 기본 데이터로 운전자가 얼마만큼 긴장하고 있는가를 표현한 것이다. 평소부터 맥박과 땀의 분비에 관한 데이터를 축적해 두어 그 괴리 정도를 조사하는 것이다.

▶ 기능 4 : Mini pod의 비밀

이번에는 pod의 열쇠에 해당하는 「Mini pod」에 대해 살펴보기로 하자. 실은 Mini pod야 말로 일반적인 자동차 열쇠라 할 수 없다. 차 주인의 취미와 취향을 기억하는 등 pod의 성장 시스템을 지탱하는 중요한 역할을 담당하고 있기 때문이다.

예를 들면, 운전자가 자택의 PC를 통해 음악을 청취하거나 영상을 시청할 때에 Mini pod는 조용히 곡명과 영화 타이틀을 기억한다. 나아가 인터넷의 검색 키워드도 기억해 둠으로써 운전자의 취향을 완전히 파악하게 된다.

Mini pod는 무선 기능을 갖추고 있어 데이터를 자동차 안의 서버(Server)로 송신할 수가 있다. 그리고 운전 시에 운전자의 초조감이 올라가 있을 경우, 긴장을 풀어주는 음악(Relax Song)을 자동적으로 재생시켜 주기도 한다.

그리고 Mini pod 역시 pod와 마찬가지로 감정표현이 가능하다. PC와 연결된 채로 Mini pod 본체를 두드리게 되면 화가 난 얼굴을 한다. 또 Mini pod는 PC에 연결하지 않아도 그 스스로 감정 표현을 할 수 있다. 두드리거나 자극을 주게되면 격렬한 빛을 발하면서 진동을 한다.

이러한 기능들로 인해 Mini pod가 마치 살아있는 듯한 감촉을 유저(User)들에게 전달할 수 있는 것이다. 이러한 기능들은 운전 중이 아니더라도 자동차(또는 그 일부)를 휴대전화와 같이 차 주인으로부터 떨어져 있지 않도록 하겠다는 개념에서 출발하고 있다.

출전) http://auto.ascii24.com/auto24/

▶ 실용화 가능성

도요타자동차의 담당자는, 「Mini pod를 사내에 들고 다니자 '장난감을 가지고 놀고 있다' 면서 혼이 났다」고 한다. 한편으로는 「소니와의 협력을 통해 엔터테인먼트 분야에 대해 다양하게 익히는 계기가 되었다. 현재와 같은 상태에서 새로운 가치를 산출한 다는 것은 자동차산업에 있어 매우 중요하다」고 지적한다.
또한 pod는 어디까지나 컨셉 카이며, 이대로 제품화되는 일은 없을 것이다.

다만 각각의 기능을 구현하고 있는 요소기술은 이미 실용화의 영역에 들어와 있다는 사실이다. 그러한 기능 하나 하나를 추출하여 제품으로 연결할 수 있는 가능성은 충분히 있다고 도요타자동차의 담당자는 언급하고 있다.

기묘한 형태의 「Mini pod」

출전) http://www.zdnet.co.jp/news/

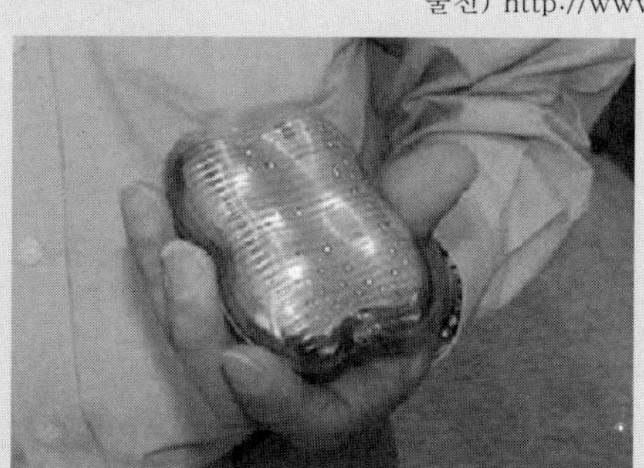

5 엔터테인먼트 로봇

퍼스널 로봇 「R100」

가정에 다양한 기능을 갖춘 정보가전(Information Appliances)이 본격적으로 도입되면, 우리 생활환경은 일찍이 경험한 적이 없는 풍요로움을 누리게 될 것이다.

나아가 정보가전에다 로봇가전의 가능성마저 현실화됨으로써 제2의 생활혁명을 맞이하게 되었다.

일본 NEC의 「R100」은 이미 위에서 언급한 AIBO와는 다른 컨셉을 가지고 개발된 로봇이다. R100은 애완동물(Pet)이 아니라 인간의 작업을 도와줄 목적으로 만들어진 것이다. 그러나 아무런 애교도 없이 작업을 수행하는 것이 아니라, 인간과 대화가 가능한 등 일부 애완동물의 요소도 포함되어 있다.

R100의 주요 기능에는 먼저 e-메일의 송수신이 가능하다는 것이다. 게다가 e-메일을 수신하면 수신자를 찾아내어 음성 메일이라면 읽어주고, 비디오 메일이라면 스스로 텔레비전에 전원을 넣어 보여줄 수도 있다.

다음으로 가족에 대한 메시지를 R100에 기록해 두면 메시지의 상대를 만났을 때 재생해주기도 한다.

R100에는 인간의 눈에 상당하는 기능인 디지털 카메라가 장착되

어 장애물을 인식하고 명암을 판단, 인간의 얼굴을 기억할 수가 있다. 그 때문에 개인을 식별할 수가 있어 e-메일을 수신자에게 전달할 수 있다.

또 이러한 기능을 활용하여 장애물을 피해 주행할 수도 있다.

「R100」과 신 버전 로봇 「PaPeRo」

출전) http://www.incx.nec.co.jp/

R100

PaPeRo

나아가 텔레비전의 스위치와 비디오 예약 등을 대행하는 기능도 있다.

「소리를 더 높여라!」라든지 「7채널로 바꿔라!」 등과 같은 지시를 R100에게 내리는 것도 가능하다. 또 부재시의 대응 기능도 가능해 가정에서 움직이는 물건을 발견하면 R100이 촬영하여 그 영상을 메일 등을 통해 전송하게 된다. 또 외부로부터 e-메일로 R100에 지시를 내려 가정 내의 모습을 영상으로 받아 볼 수 있다.

이러한 정보가전의 등장으로 PC를 통해 정보가전을 조작하는 것은 현재 가능하지만, 음성인식과 영상인식과 같은 새로운 기술이 조합됨으로써 단순히 리모컨의 대용이 아니라 보다 일상생활에 접목될 수 있게 되었다.

R100의 숨겨진 가능성은 아직 많다. 주인 부재시에 활용할 수 있는 기능을 응용하게 되면 새로운 장르의 정보가전으로 태어날 가능성 역시 크다는 점이다. 특히, 영상을 인식하고 대화가 가능하다는 점은 환자나 노약자의 보호 및 간호에 활용 가능성이 높다.

예를 들면, 홀로 생활하는 고령자에 대한 안전면과 정신적인 면에 대한 접근 가능성이 그것이다. R100에는 영상을 전송하는 기능이 장착되어 있어 고령자의 건강상태를 병원 등지에서 원격으로 진단 가능하다. 진단만 하는 것이라면 감시카메라(CCD)로도 가능하지만, 프라이버시의 문제가 새롭게 부각될 우려가 있다.

그리고 사람을 식별하거나 대화를 나누고 접촉함으로써 즐거움을 느낀다든지, 볼일이 없을 때에는 자유롭게 돌아다니거나 잠을 자거나 콧노래를 부르는 등 애교를 가지고 있어 감정 이입이 쉽다. 또한 애완동물적인 감각 때문에 집에 두는 데 대해 저항감이 적다. 무엇보다 사용자가 애완동물 로봇과 같이 있기 싫으면 다른 장소로 이동시키면 된다는 점도 강점이 될 수 있다. 나아가 살아있는 애완동물과 같이 털이 빠지면서 거실을 더럽히거나 또는 억지를 부리지도 않는다. 근래는 R100의 신 버전이라 할 수 있는 「PaPeRo」가 등장(2001년 3월)하였는데, R100보다 적고 가벼워 어디에든지 지니고 다닐 수 있게 되었으며, 두 눈에 해당하는 2개의 카메라와 4개의 마이크 등을 활용하여 사람을 식별한다. 상대에 따라 다른 대응을 하며 스스로 말을 걸기도 한다.

출전) http://pcweb.mycom.co.jp/co.jp/

퍼스널 로봇 「PaPeRo」

기존 "R100"의 기능에다 새롭고 다양한 기능을 조합시킨 퍼스널 로봇 「PaPeRo」가 2001년 3월 NEC에 의해 개발되었다. PaPeRo의 명칭은 NEC가 목표로 하고 있는 파트너 형태의 퍼스널 로봇(Partner Type Personal Robot)의 각 단어 머릿글자에서 따온 것이다.

이 PaPeRo는 버튼을 눌러 조작하는데 한마디로 지시한 정보나 기능을 훌륭히 수행할 뿐만 아니라, 가족과 함께 생활하면서 구성원들의 취향을 기억하거나, IT의 은혜를 모두가 무의식중에 누릴 수 있는 인터페이스이며 "키보드가 없는 근 미래 가정용 컴퓨터"이다.

동시에 개성과 표정을 가진 소형 로봇이기도 하다.

다양한 색상의 「PaPeRo」

출전) http://www.nec.co.jp/press/

나아가 PaPeRo의 주요 회로부품은 모바일 PC와 동일한 수준을 탑재하고 있으며, OS에는 마이크로소프트의 'Windows98'을 사용하는 등 실용성과 확장성을 충분히 고려하여 개발되었다.

또한 약 650 종류의 말을 인식하고 약 3,000 종류의 말을 할 수 있으며, 사람의 얼굴도 식별할 수 있기 때문에 키보드 조작 없이 대화를 통해 다음과 같은 기능을 할 수 있다.

- e-메일이나 메시지를 전하거나 필요한 정보를 자발적으로 전달해 주거나 하는 등 인터넷을 용이하게 조작할 수 있다.
- 영상녹화를 이용하여 가족 사이에 메시지를 주고받을 수 있다.
- 춤을 추거나 자명종, 텔레비전 리모콘 기능 등 다양한 기능을 갖추고 있다.

이러한 기술을 발전시키면 가까운 장래 PaPeRo는 다음과 같은 용도로 확대 사용할 수 있을 것이다.

- 홈 네트워크, 홈 시큐리티 시스템과의 인터페이스 기능 실현
- 고령자 보호, 원격의료시스템 및 장애자 케어(Care) 시스템과의 제휴
- 어린이들이 즐기면서 공부 및 질문을 할 수 있도록 하는 교육 도구(Tool)로써의 기능 제공

PaPeRo에 실현된 주요 기술은 다음과 같다.

- 두 눈에 장착된 카메라를 이용한 영상인식기술
- 내장된 3개의 마이크로폰을 이용한 음성인식기술
- 모터와 모듈화된 제어 회로를 통한 메카트로닉스 기술
- 인터넷 통신기능과 멀티미디어 처리기능
- 동작과 행동 프로그래밍을 손쉽게 한 소프트웨어 기술
- 스탠드 얼론(Stand-alone)에서의 동작을 가능케 하는 고집적화 기술

근래 컴퓨터나 통신기기 부문의 기술혁신 속도는 사람들의 생각의 속도를 뛰어넘어 발전하면서 새롭고 편리한 단말들이 연이어 등장하고 있으나, 동시에 조작 자체가 어려운 것도 많다.

따라서 어린아이에서부터 고령자에 이르기까지 누구든지 새로운 테크놀로지를 간단하게 사용할 수 있도록 하는 기술이 요구되고 있다. 또 반도체 기술이나 메카트로닉스 기술의 향상을 통해 가정용 로봇이 현실화되고 있으며, 풍요로운 생활을 향유하기 위해 종래의 기능 중심에서 탈피해 인간과 함께 살아갈 수 있는 개성적인 로봇이 요구되고 있다. 그러한 측면에서 PaPeRo의 활용 가능성은 더욱 확대될 것이다.

「PaPeRo」의 주요 기능

PaPeRo에는 「산책 모드」와 「대화 모드」의 2가지 모드가 있다.

● 산책 모드

사람과 이야기하고 있지 않을 때는 산책 모드로 바뀌어 제 멋대로 방안을 산책한다.

- 영상 인식과 초음파 센서를 통해 가구나 물건을 피하면서 방안을 탐험한다.

- 가끔 사람을 찾거나 발견되지 않으면 선잠을 자기도 한다. 메시지가 있거나 e-메일이 도착하면, 그 사람을 찾기도 한다.

- PaPeRo에 말을 걸게 되면 그 방향으로 돌아 사람을 찾는다. 음원 방향검출 기능을 활용 소리가 들리는 방향으로 돌게 된다. 영상 인식을 통해 사람을 찾아 발견하면 스테레오 처리로 거리를 측정하고, 다가가 누구인지를 알게되면 이름을 부른다. 모르는 사람이거나 또는 늘상 괴롭히는 사람이라면 도망치는 경우도 있다.

● 대화 모드

사람을 발견하면 이야기 모드로 바뀌어 사람과 대화를 나눈다.

- 이야기를 하거나 다양한 동작이나 행동을 한다. 대화, 댄스, 수수께끼, 제비뽑기, 무궁화 꽃이 피었습니다, TV 리모콘, 메시지, e-메일 수신, 시간을 가르쳐 준다, 타이머, 자명종 등.

- 항상 사람을 향해 이야기를 하려고 한다. 영상 인식을 통해 사람의 얼굴을 뒤쫓는다. 게다가 얼굴을 기억한다. 예를 들면, 가족의 얼굴을 기억하고 구별할 수 있다.

- 감정이나 인물마다 서로 다른 호감도, 친밀도 등을 가지고 있어, 접하는 방법에 따라 반응이나 행동이 변한다. 그리고 감정을 댄스로 표현할 수도 있다. 가족의 성별이나 생일을 기억하게 할 수가 있으며, 대화 상대를 해 주는 빈도나 이야기를 하고 있는 동안의 주고받은 내용이나 질문에 대한 대답 등을 기억하여 상대에 따라 대화하는 내용이나 반응이 바뀐다.

향후 인간이 로봇과 위화감을 가지지 않고 접하기 위해서는 인간다운 표정과 행동은 필요 불가결하다. 이로 인해 기계를 의인화(擬人化)하는 연구는 한층 가속화 될 것이다.

또, PaPeRo와 같은 형태의 로봇은 고령자에 대한 간호(Care)만이 아니라 가정교사와 가드 맨(Guard Man)으로서의 가능성도 크다. 현재도 PC를 사용한 교육프로그램 등이 속속 등장하고 있지만, 향후 가정에 보급된 로봇이 특정 시간대에는 가정교사로 변신하거나 엔터테인먼트를 가진 인터페이스를 제공해 줄 수 있다면 그 가능성은 무한히 확대될 것이다.

「PaPeRo」의 주요 사항

출전) http://www.nec.co.jp/press/

항 목	내 용
높이	385mm
앞넓이	248mm
옆넓이	245mm
중량	5.0kg
연속 가동 시간	약 2~3시간
충전 시간	약 2~3시간
인식 가능한 말	약 650
이야기 할 수 있는 말	약 3,000
시각 센서	CCD 카메라 X 2
청각 센서	음원 방향 검출용 마이크 X3, 음성 인식용 마이크 X 1
머리 두들김 검출 스위치	두드림, 누름을 감지
머리 어루만짐 검출 센서	어루만짐을 감지
초음파 센서	5개 (전 3, 후 2)
단차 센서	전방의 단차를 감지
들어올림 센서	들어올려진 것을 감지

장난감 로봇 「DiDi」「TiTi」

    인터넷으로 먹이를 주면, 박수소리에 따라 움직이고 노래하는 디지털 로봇이 국내에 출시되었다.

    엔터테인먼트 전문포탈업체 「인츠닷컴」(http://www.intz.com/)이 로봇 축구로 기술력을 다진 「로보티즈」와 손잡고 출시한 생쥐 모양의 장난감 로봇 「디디(DiDi)」와 「티티(TiTi)」는 6개월간의 연구개발을 거쳐 제작된 것으로, 인터넷과 연동하여 성장하고 행동하는 새로운 개념 애완동물 로봇이다.

장난감 로봇 「디디(DiDi)」와 「티티(TiTi)」

출전) http://diti.intz.com/board/,　http://www.pcline.co.kr/magazine/

    인터넷 홈페이지를 통해 밥을 먹이고, 게임을 다운로드 받는 등 한마디로 말해 인터넷 장난감이다.

    이전 반다이(Bandai)가 시장에 내놓아 전세계적으로 폭발적인 인기를 얻었던 '다마고찌' 다시 말해 가상(Virtual)의 세계에서 기르는 캐릭터를 오프라인(Off-line) 상으로 끄집어낸 손바닥만한 장난감이라고 보면 된다. 로봇 축구에 기본을 두고 개발된 제품이라 눈의 역할을 하는 전방 그리고 밑판에 적외선 센서가 달려 있고, 사람을 따라다닌다거나 밑판의 센서를 활용해 선을 따라가게 하는 라인 트레이서로서의 기능을 하기도 한다.

또 인공지능과 성장형 알고리즘을 이용해 1세부터 6세까지 성장하며, 학습, 반응, 상호작용 기능을 갖추고 있어 박수소리에 따라 움직이기도 하고, 노래도 부르며 밀어내기 게임, 레이싱 게임, 송앤드런 게임 등 다양한 게임도 가능하다. 특히, 성장에 필요한 프로그램은 인터넷을 통해 무선으로 다운로드 받는데, 디지털 로봇에 내장된 인공지능 센서에 의해 컴퓨터 모니터에 로봇을 가까이 대면 알아서 먹이나 노래 등을 다운 받는다(http://www.pcline.co.kr/news/).

현재 디디와 티티는 지난 2001년 11월부터 본격 출시되어 백화점과 할인점, 그리고 인츠닷컴의 사이트를 통해 판매되고 있다.

「DiDi」와 「TiTi」의 주요 사항

출전) http://www.pcline.co.kr/magazin/

색 상	Blue(DiDi : 남성), Pink(TiTi : 여성)
센 서	적외선 센서
동 작	DC 모터 2개
중 량	96g
크 기	67 × 78 × 61mm
배 터 리	AAA 크기 3개

인간의 위안 로봇

근래 전세계적으로 판매되고 있는 로봇 모두가 생활의 편의나 사용자(User)의 역할대행서비스 등과 같은 테크놀러지(Technology) 측면만이 강조 된 것은 아니다. 점점 메말라가고 있는 현대인들의 대인관계나 직장 등에서 부딪히는 과도한 심적 스트레스에 대한 해소나 즐거움을 전달하기 위한 목적으로 개발된 것도 많다.

이러한 성격을 가진 로봇을 몇 가지 소개해보기로 한다.

먼저, 그 원조라 할 수있는 「다카라」(http://www.takaratoys. co.jp/top.html)가 개발한 「무(Mu)」를 들 수 있는 데, '무'는 마사지 기능을 갖추고 있으며 사용자의 희노애락(喜怒哀樂)에 따라 각기 다른 말을 걸어온다.

위안 로봇 「무(Mu)」

출전) http://www.zdnet.co.jp/news/

다만 '무'에 장착되어 있는 희노애락 버튼을 눌러 자신이 어떤 기분이라는 것을 가르쳐 주어야 한다.

다음으로는 「국제전기통신기초연구(ATR)」(http://www.mic.atr.co.jp/)의 「무우(Muu)」를 들 수 있겠다. 알파벳 표기로는 위에서 언급한 다카라의 무(Mu)와 유사하지만, 무우(Muu)는 '눈'을 의미하는 중국어에서 유래하고 있다.

무우의 첫 인상은 아래 사진과 같이 사용자의 심리적 위안을 줄 것 같은 모습을 하고 있기는 커녕 오히려 섬짓한(?) 느낌마저 들게 한다. 하지만 어색한 몸놀림과 오사카 사투리 그리고 전위(前衛) 예술을 보는 것 같은 외형이 어느 샌가 점점 친근하고 사랑스러운 느낌으로 다가오는 것이 무우의 특징이기도 하다.

'ATR'에 따르면, 그 이유는 동물행동학자의 "콘라드 로렌츠(Ko-nrad Lorenz, 1903~1989)"가 「유아 도식(幼兒 圖式)」으로 정리한 것과 아주 유사한 특징을 가지기 때문이라고 한다.

큰 눈, 포동포동한 뺨, 어색한 움직임, 둥그스름한 체형, 부드러우면서도 탄력을 가진 피부 등은 콘라드 로렌츠의 '유아 도식'을 그대로 답습한 제품이라는 것을 알 수 있다. 유아 도식은 「아기답다」는 표현과도 바꿀 수 있어 성인의 보호본능을 이끌어낸다고 한다.

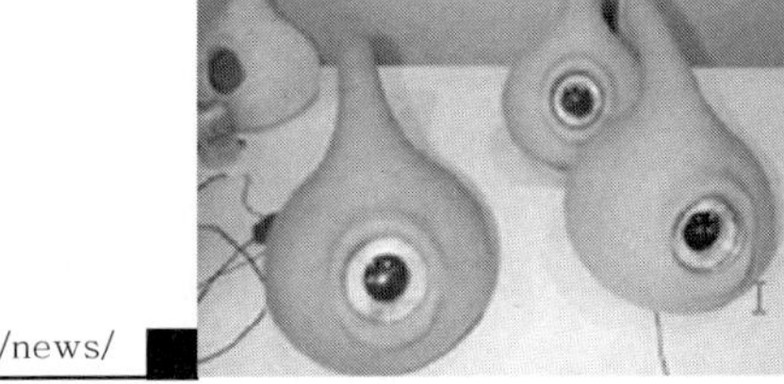

무우의 전위적인 형태와는 달리 "산요(Sanyo)"의 「Hopis」는 포근하면서도 부드러운 외형 때문에 전형적인 장난감 인형의 모습을 한

로봇이다.

Hopis는 재택 건강관리용으로 개발된 애완동물 로봇이다. 원격지 의료의 인터페이스(Interface)로서 혈압계나 체중계로 계측한 데이터를 Hopis에 전송하면 자동적으로 주치의(主治醫)의 단말에 그 데이터를 송부하게 된다.

그리고 의사의 검진이나 영양사의 어드바이스 등을 음성으로 알려 준다.

유아 도식(幼兒 圖式)이란?

비교적 큰 머리, 얼굴에 비해 큰 이마, 상대적으로 큰 눈, 포동포동한 뺨, 짧고 통통한 사지, 어색한 운동, 부드럽고 탄력적인 피부, 전체적으로 둥그스름한 체형 등은 유아(幼兒)들의 공통적인 특징이다.

콘라드 로렌츠(Konrad Lorenz, 1903~1989)라고 하는 동물행동학자는 이러한 특징을 총칭하여 「아기다움」 또는 「유아 도식」이라고 불러 이것이 성인의 애정이나 보호(양호)성을 자연스럽게 유발하는 역할을 하고 있다고 생각하고 있다.

바꾸어 말하면, 우리들은 '아기다운' 특징에 무조건적으로 매력을 느껴 보호와 애정을 쏟고 싶다는 것이다. 이러한 구조와 인기만화의 캐릭터가 유아의 특성을 강조하고 있는 얼굴이나 신체를 하고 있다는 점은 많은 관련성이 있다고 하겠다. 로봇 역시 예외는 아닌 듯 하다.

웹 기반 캐릭터 로봇 「아로」

온라인(On-line) 상의 가상 캐릭터가 세상 밖으로 걸어 나왔다. 국
내 로봇전문업체 「보스테크」(http://www.joyrobo.com/)는 인터넷 채
팅에서 흔히 사용되는 가상 캐릭터(아바타)와 연동하는 로봇 시리
즈를 개발, 출시한다고 지난 2001년 12월 발표했다.

세계 최초의 웹 기반 캐릭터 로봇 「아로(Aro)」는 눈과 입으로 감
정을 표현할 수 있으며 자유롭게 움직이는 팔다리와 MP3 기반 음
성기능을 통해 가상공간 속의 캐릭터 인물을 오프라인에서 그대로
재현할 수 있다고 한다.

아로는 PC를 통해 인터넷 상의 다양한 캐릭터 컨텐츠를 다운로드
받아 움직이는데 특정 연예인의 독특한 몸짓을 흉내내며 농담을 하
거나 인기 가수의 최신 춤동작을 따라하는 등 다양한 엔터테인먼트
기능을 지원한다.

또 로봇의 외부 디자인은 게임 주인공에서부터 인기 연예인, 친구,
연인까지 소비자 취향에 따라 모듈식으로 간단하게 바꿀 수 있다.

'보스테크'는 한정된 기계적 성능에 의존하는 기존 애완용 로봇과
달리 아로는 웹 기반의 다양한 컨텐츠를 수용한다는 점에서 차별화
되며 캐릭터 산업과 교육, 음반, e-메일 등 활용 범위가 매우 넓다고

출전) http://www.etimesi.com/news

　개발 관계자에 따르면, 아로는 웹 기반 캐릭터 로봇으로 개발된 세계 최초의 제품이며 향후 애완용 로봇시장은 기계가 아니라 컨텐츠를 전달하는 미디어 개념으로 발전할 것이라고 설명했다. 아로의 판매가격은 대 당 13만원이다(전자신문, 2001.12.11).

　아로의 개발 관계자가 지적하듯 로봇의 미래상은 이동이나 운반, 발굴, 조립 등과 같은 생산현장 로봇에서 엔터테인먼트, 간호 등과 같은 퍼스널·서비스 로봇으로 확대되어 최종적으로는 컨텐츠 전달을 목적으로 하는 미디어 개념의 로봇으로 정착될 지도 모른다.

인터페이스 로봇

고령자용으로 대화형 애완동물 로봇을 시험운용 중인 마쯔시타는 소니의 "AIBO"에 대항하기 위해 마침내 엔터테인먼트 로봇시장에 참가하였다. 지난 도쿄에서 열린 「2001 국제 로봇전」에 발표된 것은 애완동물 로봇이 아닌, 「Interface Robot」이라는 이름으로 가진 "라이프 인포메이션 파트너(Life Information Partner)"를 목표로 개발된 것이다.

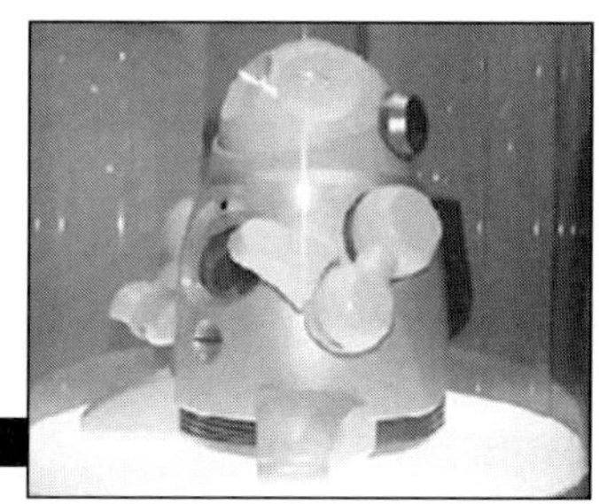

인터페이스 로봇

NEC의 「PaPeRo」를 닮은 것 같기도 하지만, 완구와 다른 느낌을 주기 위해 노력했다고 한다. 등뒤에 맨 가방에 PC를 장착하고 있다.

출전) http://www.zdnet.co.jp/news/

향후 홈 서버와 같은 기능을 갖추게 할 예정이며, "Interface Robot"이라는 이름처럼 네크워크 가전이나 AV기기를 컨트롤하기 위한 '인터페이스'가 될 것이라고 한다. 이 로봇은 앞에서 거론한 봉제 코알라 로봇 「Teddy」와 내장한 기능은 동일하지만 디자인을 변경함으로써 남성을 중심의 사용자층 확대를 노리고 있다.

조만간 예상되는 Interface Robot의 기능은 가령 TV 프로그램을 녹화하도록 명령하면, 이 로봇은 홈 네트워크의 가전을 집중 관리하고 있기 때문에 무선으로 DVD를 조작하게 될지도 모른다.

또 Interface Robot은 단체(單體)일 경우에도 엔터테인먼트 로봇으로써 기능할 수 있다. 머리 부분과 양팔에 센서를 장착하여 상대방이 접촉을 하거나 하게되면 화를 내거나 기뻐하는 것 외에 복부의 액정 디스플레이에는 감정을 비주얼로 표현할 수 도 있을 것이다.

아직 완제품으로 개발이 완료된 것은 아니지만, Interface Robot과 같은 기능을 가진 로봇의 탄생은 인간과 로봇과의 커뮤니케이션 확대와 더불어 인간의 마음을 더욱 풍요롭게 할지도 모른다.

웹 서버 기능 「NET-BORG」

지난 도쿄에서 열린 「2001 국제 로봇전」에 반다이(Bandai)가 출품한 로봇은 웹 서버 기능을 갖춘 「NET-BORG」라 이름 붙여진 로봇이었다. 무선 LAN를 사용해 인터넷에 접속할 수 있으며, 머리 부분에는 웹 카메라를 갖추고 있다. 웹 브라우저를 활용하여 실시간으로 동영상을 수신하거나 원격조작을 통해 사진을 촬영할 수 있다.

「NET-BORG」의 모습

전체 길이는 40cm로 그 외형이 마치 탱크와 닮은 NET-BORG

출전) http://www.zdnet.co.jp/news/

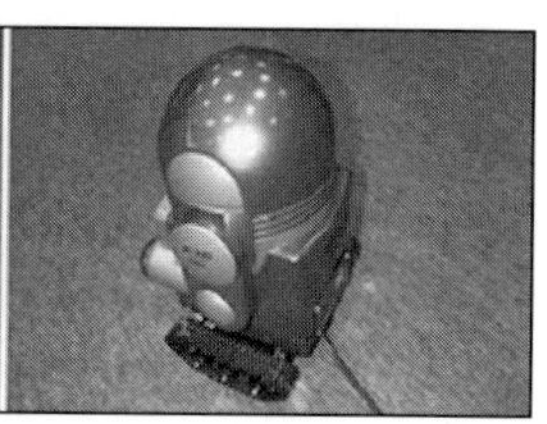

개발 관계자에 따르면, 향후 활용방안으로 「자택에서 NET-BORG를 원격조작하여 테마파크나 공원 등을 둘러보거나 유명거리를 NET-BORG로 버추얼 탐험하는 등 다양한 이벤트에 응용 가능할 것이라고 한다. 또한 전차나 불도우저의 바퀴와 같은 캐터필러(Caterpillar)를 장착한 것은 환경에 구애받지 않고 주행할 수 있도록

하기 위해서라고 한다.

NET-BORG의 조작 화면. 상하
좌우 버튼으로 방향을 결정한다.

출전) http://www.zdnet.co.jp/news/

　　일반 소비자를 대상으로 하는 판매는 2002년 상반기를 목표로 하
고 있으며, 그 가격은 10만엔 이내로 책정할 계획이라고 한다. 하지
만 판매 초기에는 백화점의 완구 코너에서 판매하는 것이 아니라,
우선 샘플 판매 형태를 취할 예정으로 있다. 그 이유는 네트워크 로
봇이라고 하는 제품에 대해 시장에 어떤 니즈(Needs)가 존재하는지
알 수 없어 먼저 시험판매 형식을 취하기로 한 것이다.

NET-BORG의 사양

출전) http://www.zdnet.co.jp/news

모 델	NET-BORG
사이즈	280(앞넓이) × 260(옆넓이) × 410(높이)
중 량	약 4kg (옵션 배터리 장착 시는 6kg)
연속 구동 시간	약 1.5시간 (옵션 배터리 장착 시는 6시간)
무선 방식	IEEE 802.11b (도달 거리는 30~60m)
카메라 부분	포커스 : 1m ~ 무한 렌즈 : F1.8 노광(露光) 제어 : 자동 화상 해상도 : 640×480 / 320×240 / 160×120 Frame Rate : 15fps

완구 로봇

지난 2001년 3월 국제완구전시회「도쿄 장난감 쇼」가 열렸는데, 근래 붐을 일으키고 있는 애완동물 로봇이나 2족보행 로봇 등 하이테크 완구가 많은 주목을 끌었다.

'일본완구협회'에 따르면, 애완동물 로봇 등 하이테크 완구 시장은 2000년도 기준으로 전년도의 약 3배에 해당하는 150억엔이라고 한다. 한편, 완구 시장규모는 1999년 8,578억엔, 2000년 8,579억엔으로 거의 정체 상태여서 IT를 도입한 하이테크 완구는 급격한 기대 주로 떠오르고 있다.

IT와 완구와의 접목을 통해 탄생된 하이테크 완구 즉, 완구 로봇을 소개해 선진 메이커들의 시장 및 개발 트렌드를 점검해보자.

갓난아기 로봇

홀로 독립생활을 하거나 아파트 등의 폐쇄된 공간에서 살면서 규정상 강아지나 고양이 등 애완동물을 키울 수 없는 사람에게 유아형 로봇이나 애완동물 로봇은 그 애호가(특히, 독신남여)의 희망을 실현시켜 주는 소중한 완구이자 로봇이라 하겠다. 현대인의 새로운 생활패턴이 또 다른 수요를 탄생시키고 있다.

갓난아기 로봇을 안고 있는 여성

출전) http://www.zdnet.co.jp/news

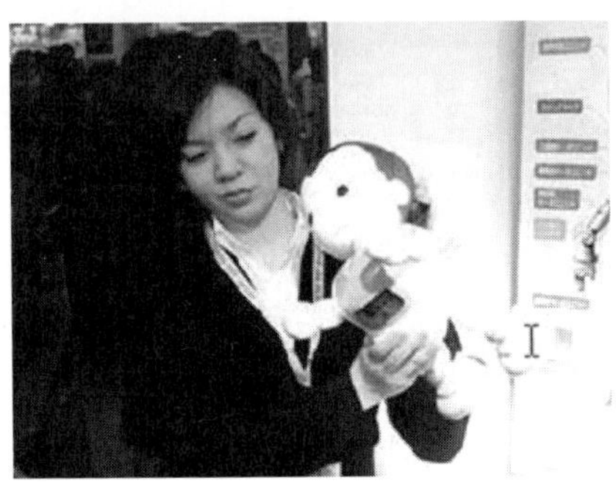

「TOMY」(http://www.tomy.co.jp/top.htm)가 도쿄 장난감 쇼에 참고 출품한 「BABYROBO 001」은 머리 부분에 16비트의 CPU를 탑재하여 음성인식·합성 유닛이나 터치 센서, 눈이나 입을 개폐하는 보조 유닛을 갖춘 "하이테크 베이비"다. "TOMY"에 따르면, 이 갓난아기 로봇을 통해 인간의 갓난아기 성장 과정을 그대로 시뮬레이션할 수가 있다고 한다. 예를 들면, 처음에는 단지 자고 있을 뿐이지만 머지않아 끄덕이게 되고 최종적으로는 2개의 다리로 아장아장 걸음걸이를 하게 된다는 것이다.

「BABYROBO 001」의 내부구조와 모습

출전)http://www.watch.impress.co.jp/, http://www.zdnet.co.jp/news

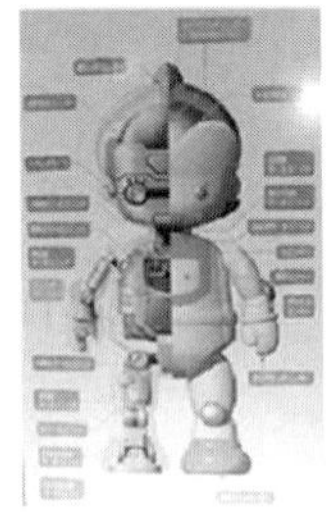

엉금 엉금 기어다니는 "BABYROBO 001"의 모습이 너무나 앙증스럽다.

또 성장에 맞추어 점차 말도 하게 되어 실제 갓난아기를 기르는 기쁨을 맛볼 수 있다고 한다. 결혼은 하고 싶지 않지만, 갓난아기는 가지길 원하는 젊은 여성 사이에 많은 인기를 끌 것으로 점쳐지고 있다.

'BABYROBO 001'의 판매예정 가격은 약 30만원(29,800엔)이다.

원격조작 애완동물 로봇

「세가토이즈」(http://www.segatoys.co.jp/)가 참고 출품한 「CREGI」은 PC로 프로그래밍 한 행동패턴을 무선으로 송신할 수가 있는 "원격조작 대응 애완동물 로봇"이다.

참고 출품이어서 아직 자세한 것은 알 수 없으나, 무선 모듈을 'CREGIT' 본체에 내장하여 다른 방에서도 명령을 내릴 수가 있다.

「CREGIT」의 모습

출전) http://www.zdnet.jp/news

프로그램은 오브젝트(Object)를 조합해 작성할 수 있어 "초등학생이라도 취급할 수 있는 수준"이라고 한다. 게다가 음성인식·합성 기능의 전용 소프트를 PC에 인스톨하면 CREGIT과 대화를 나눌 수 있다. CREGIT은 미국 시장이 주요 타깃이 될 예정이며, 일본 내 예정 판매가격은 9,800엔으로 잡혀있다.

또 "TOMY"는 「공룡을 기르자」(가칭)로 불리는 공룡형 애완동물 로봇도 출품하고 있는데, 백악기 후기에 존재한 공룡을 모델로 하고 있다. 공룡이 탑재하고 있는 센서를 통해 주위의 물체 존재여부, 소리, 촉각의 3가지를 알 수 있다. 전체 길이가 1m나 되는 이 로봇 공룡은 매우 영리하게 만들어져 있어 제대로 보살펴주지 않으면 적의(敵意)를 노출하여 사육주(User)를 위협하기도 한다.

판매가격은 1만 4,800엔으로 책정되어 있다.

출전) http://www.watch.impress.co.jp/, http://www.zdnet.co.jp/news

위에서 살펴본 것과 같이 이미 완구세계에서도 하이테크 기술이 접목됨으로써 단지 다양한 기능을 갖춘 완구에 그치는 것이 아니라, 스스로 판단하고, 학습하고, 성장해가며 때로는 자기 주장을 내세우는 등 완구 로봇으로의 진화가 시작되고 있다.

지구 종말 20가지

인간은 지구상에서 영원히 생존할 수 있을까? 과학의 발전은 인간의 수명을 늘리고 생존 영역을 더욱 확대하고 있지만, 인류의 멸망을 초래할 다양한 가능성이 상존해있다.

미국의 과학 잡지인 "디스커버리(Discovery)"는 지난 2000년 10월 호에서 지구상에서 공룡이 사라졌듯이 별안간 인류의 종말을 초래할 수 있는 다양한 가능성을 제기했다. 이 잡지는 현재 인류가 소멸하게될 가능성은 화석시대에 비해 1만 배 이상 증가했다며 2020년 안에 일어날 수 있는 20가지 재앙을 소개했다.

▶ 천재지변

소행성 충돌, 감마선 폭발, 지구 자기장의 약화, 블랙홀 등이 대표적인 위험요인이다. 천문학자들은 소행성 충돌이 300년마다 한번씩 발생하는 것으로 추정하고 있다. 대부분 바다와 충돌했지만 1908년 시베리아 퉁구스카 지역에 떨어진 지름 70m의 혜성 파편이 지구에 준 충격은 히로시마에 떨어진 원자폭탄의 1,000배에 달하는 것이었다.

천문학자들은 해왕성 너머에 있는 쿠이퍼 벨트지역에 직경 80km가 넘는 10만개의 얼음 덩어리가 있는 것에 주목하고 있다. 쿠이퍼 벨트는 지구를 향해 작은 혜성을 계속 쏟아 붓고 있다. 만일 큰 혜성이 떨어진다면 지구의 생명체는 멸망하게 될 것이다.

지구 오존층이 완전히 파괴될 가능성도 제기되었다. 은하계에서 감마선 폭발과 지구 자기장의 소멸이 그것이다. 두개의 붕괴된 별이 하나로 합쳐질 때 발생하는 감마선 폭발은 태양 에너지의 1,016배를 방출한다.

1,000광년 떨어진 곳에서 감마선 폭발이 일어나면 우리는 어둠 속에서도 태양 빛과 같은 밝기를 느끼게 된다. 이때 지구에 떨어지는 방사선은 오존층을 완전히 파괴해 인간은 자외선으로부터 무방비 상태에 놓이게 된다.

지구는 남극과 북극의 자기장을 갖고 있다. 이 자기장은 78만 년 전에는 지금과 반대의 상태에 있었다. 과학자들은 지난 100년 동안 지구 자기장의 강도가 5% 줄어든 것으로 분석하고 있다. 자기장의 약화는 우주의 미립자나 방사선으로부터 지구를 무장해제 시키는 역할을 한다.

▶ 인류가 초래하는 재앙

바이오 테크놀러지(BT)와 나노 테크놀로지(NT)가 20년 안에 인류의 생존을 위협할

수 있는 기술로 꼽혔다. '바이오테크의 시대'를 쓴 "제레미 리프킨(Jeremy Rifkin)"은 인류가 만들어낸 새로운 종들이 돌연변이로 발전하거나 생태계를 교란하는 요인으로 작용할 것을 우려하고 있다.

'창조의 엔진'을 저술한 "에릭 드레슬러"는 박테리아 크기의 기계들이 자신을 신속히 복제하여 지구상에 널리 퍼지면 생물권을 위험에 빠뜨릴 수 있다고 경고하고 있다.

▶ 자기파괴

미국 카네기멜론 대학 로봇공학과의 "한스 모라벡(Hans P. Moravec)" 교수는 2040년이면 로봇이 인간의 지적수준을 따라잡을 것으로 전망하고 있다. 그 이후에는 기계와 인간이 조합된 새로운 물체 및 로봇이 인간을 대체하게 된다. 2020년이면 정신이상은 혈관질환에 이어 두 번째 사망원인이 될 것으로 예상된다.

캘리포니아 대학의 생물학자인 "그레고리 스탁" 교수는 의료기술 덕분에 가까운 미래에 인간이 200세 이상 살게될 것으로 예측하면서 이때가 되면 새로운 종류의 정신착란이나 우울증이 확산될 것으로 우려하고 있다.

▶ 신의 영역

영화 매트릭스는 가상세계를 현실세계로 인식하고 살아가는 사람들의 모습을 보여준다. 매트릭스처럼 우리가 살고 있는 세계는 진실이 아닐 수 있다. 그렇다면 우리는 이미 현실세계에서는 존재하고 있지 않을 수도 있다(한국경제, 2000.9.29).

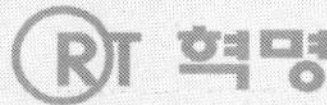

혁명

1. 로봇이란?

http://chh2kim.hihome.com/robot.htm
http://www.clark.net/pub/edseiler/WWW/asimov__home__page.html
http://www.frc.ri.cmu.edu/robotics-faq/1.html
http://cache.ucr.edu/~currie/roboadam.htm
http://www.randdmanagement.com/c__robot/ro__002.htm
http://169.228.74.233/robots/newpage3.htm
http://www.frc.ri.cmu.edu/~hpm/book88/MC.details.html
http://www.bogan.cps.k12.il.us/ib/Research/Robotics.htm
http://www.bureau.tohoku.ac.jp/manabi/manabi10/mm10-45.htm
http://www.hotwired.co.jp/news/news/culture/story/20011113204.html
http://www.wired.com/news/gizmos/0,1452,48253,00.html
http://www.frc.ri.cmu.edu/robotics-faq/1.html
http://www.system-brain.com/gensoku.htm
http://www.system-brain.com/setou.htm
http://world-reader.ne.jp/renasci/next/nakano-002.html
http://www.nikkei4946.com/today/0104/15.html
http://www.time.com/time/2001/inventions/robots/
http://www.joins.com/cnn/2001/11/17/

2. 로봇 산업의 이해

http://www.zdnet.co.jp/news/0105/18/e__robot__m.html
http://www.zdnet.co.jp/news/0105/18/e__robot__m2.html
http://www.zdnet.co.jp/news/0105/18/e__robot__m3.html
http://www.rehab.go.jp/ri/rehabeng/robot/robotj.htm
http://www.zdnet.co.jp/news/0103/22/toyshow.html
http://www.watch.impress.co.jp/game/docs/20010322/toyshow2.htm
http://www.nature.com/cgi-taf/DynaPage.taf?file=
/nature/journal/v406/n6799/full/406974a0__fs.html
http://www.nature.com/nature/journal/v406/n6799/fig__tab/406974a0
__F5.html
http://www.asahi.com/business/news/010103a.html
http://www.mainichi.co.jp/eye/feature/details/science/kami/200102/27-
1.html
http://www.cretan.the.freak.ne.jp/souko/wwwrobot.html
http://www2.cyber.rdg.ac.uk/kevinwarwick/home.htm
http://www.madlab.rdg.ac.uk/photogallery/
http://www.asiaweek.com/asiaweek/magazine/life/0,8782,182326,00.html
http://www.zdnet.co.jp/news/0109/05/e__hawking.html
http://www.donga.com/
http://www.naver.com/

3. 주요 국의 동향

http://www.asahi.com/business/news/010103b.html
http://www.asahi.com/business/news/010103c.html
http://www.asahi.com/business/news/010103d.html
http://www.mel.go.jp/soshiki/robot/biorobo/rsj00os/nakano.htm

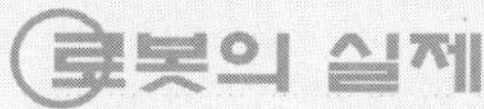

로봇의 실제

1. 휴먼 로봇

http://www.zdnet.co.jp/gamespot/gsnews/0011/20/news09.html
http://www.pcline.co.kr/magazine/
http://www.zdnet.co.jp/news/bursts/0111/12/honda.html
http://japan.cnet.com/News/infostand/Item/2001-1112-J-5.html
http://www.honda.co.jp/news/2001/c011112.html
http://www.watch.impress.co.jp/pc/docs/article/20011108/isamu.htm
http://www.zdnet.co.jp/news/bursts/0107/17/isamu.html
http://www.zdnet.co.jp/news/0111/08/isamu.html
http://www.kawada.co.jp/ams/isamu/index.html
http://www.zdnet.co.jp/news/bursts/0109/10/fujitsu.html
http://www.zdnet.co.jp/news/0109/18/fujitsu__robot.html
http://www.automation.fujitsu.com/jp/products/light/hoap1.html
http://pcweb.mycom.co.jp/news/2002/03/19/06.html
http://pcweb.mycom.co.jp/news/2002/03/19/19.html
http://www.sony.co.jp/SonyInfo/News/Press/200203/02-0319/
http://www.zdnet.co.jp/news/0203/19/sony__sdr__m.html
http://www.zmp.co.jp/
http://www.watch.impress.co.jp/game/docs/20010629/pino.htm
http://www.watch.impress.co.jp/game/docs/20011018/toy39.htm
http://www.zdnet.co.jp/news/0106/29/pino__tukuda.html
http://k-tai.impress.co.jp/cda/article/event/0,1636,6258,00.html
http://www.zdnet.co.jp/news/0110/04/ceatec__morph.html
http://www.murata.co.jp/
http://www.zdnet.co.jp/news/0003/17/bandai__001.html
http://www.zdnet.co.jp/news/0003/17/bandai__002.html
http://www.zdnet.co.jp/news/0011/24/robodex__zaku.html
http://www.zdnet.co.jp/news/0103/22/zaku.html
http://www.zdnet.co.jp/news/0112/14/zaku__m.html
http://www.zdnet.co.jp/news/0112/14/zaku__m2.html

참고문헌

http://www.zdnet.co.jp/news/0111/13/kokusairobot__m2.html
http://www.dongascience.com/news/viewhottrend.asp?no=3639
http://www.dongascience.com/news/viewhottrend.asp?no=4419

2. 애완 동물 로봇

http://japan.cnet.com/Electronics/Story/011127/index.html
http://japan.cnet.com/Electronics/Story/011127/ce01.html
http://japan.cnet.com/Electronics/Story/011127/ce02.html
http://japan.cnet.com/Electronics/Story/011127/ce03.html
http://japan.cnet.com/Electronics/Story/011127/ce04.html
http://www.zdnet.co.jp/news/0110/16/omron__necoro.html
http://www.zdnet.co.jp/news/bursts/0102/09/bandai.html
http://www.bn-1.channel.or.jp/
http://www.wired.com/news/gizmos/0,1452,47879,00.html
http://www.wired.com/news/gizmos/0,1452,47879-2,00.html
http://www.zdnet.co.jp/news/bursts/0101/05/mhi.html
http://www.mhi.co.jp/news/sec1/001225.html
http://www.zdnet.co.jp/news/0109/05/e__hawking.html
http://www.donga.com/
http://www.naver.com/

3. 실용 작업 로봇

http://japan.cnet.com/News/Infostand/Item/2001-0903-J-6.html?rn
http://www.ntt-west.co.jp/news/0109/010903a__1.html
http://www.zdnet.co.jp/broadband/0109/03/flets.html
http://www.zdnet.co.jp/news/bursts/0109/03/fletsrobo.html
http://www.nec.co.jp/press/ja/0103/2102.html
http://www.nec.co.jp/press/ja/0103/2102-02.html
http://www.nec.co.jp/press/ja/0103/2102-01.html
http://www.zdnet.co.jp/news/0111/22/robot__iyashi.html
http://www.zdnet.co.jp/news/0111/13/kokusairobot__m.html
http://www.zdnet.co.jp/news/0111/13/kokusairobot__m.html
http://www.roboken.channel.or.jp/
http://www.etimesi.com/news/detail.html?id=200112100022
http://www.joyrobo.com/main.htm
http://www.businessweek.com/magazine/content/01__12/b3724007.htm
http://www.wired.com/wired/archive/8.04/joy.html
http://www.wired.com/wired/archive/8.04/joy.html?pg=2&topic=&topic__set=
http://www.wired.com/news/gizmos/0,1452,47156,00.html
http://www.wired.com/news/photo/0,1860,47156,00.html
http://www.hotwired.co.jp/news/news/technology/story/20011010301.html

4. 청소 로봇

http://www.zdnet.co.jp/news/0111/16/robofesta__m.html
http://home.swbell.net/fontana/home.html
http://www.zdnet.co.jp/news/0109/20/expo__robot.html
http://home.swbell.net/fontana/home__jp.html
http://www.personalrobots.com/
http://techpress.joins.com/article.asp?tonkey=20020107111105354407
http://www.wooritg.com/kr/

5. 엔터테인먼트 로봇

http://www.fhi.co.jp/news/01__7__9/01__07__11.htm
http://www.zdnet.co.jp/news/bursts/0107/12/fujihi.html
http://www.dongascience.com/news/viewhottrend.asp?no=4278
http://www.etimesi.com/news/detail.html?id=200112120037
http://search.joins.com/
http://www.wired.com/news/gizmos/0,1452,47156,00.html
http://www.wired.com/news/gizmos/0,1452,47156-2,00.html
http://www.wired.com/news/technology/0,1282,46930,00.html
http://www.hotwired.co.jp/news/news/technology/story/20011126301.html
http://www.wired.com/news/gallery/0,2072,46930-1700,00.html
http://www.zdnet.co.jp/news/bursts/0107/03/ntt.html
http://www.ntt.co.jp/news/news01/0107/010703.html
http://www.wired.com/news/women/0,1540,49069,00.html
http://www.wired.com/news/women/0,1540,49069-2,00.html
http://www.hotwired.co.jp/news/news/technology/story/20011220302.html
http://www.hotwired.co.jp/news/news/technology/story/20011221307.html
http://www.tmsuk.co.jp/index2.html
http://www.agctr.lsu.edu/news/November2001/Headlines/RobotBoat11-08-01.htm
http://ascii24.com/news/i/tech/article/2001/07/13/627872-000.html
http://www.aist.go.jp/
http://www.businessweek.com/magazine/content/01__12/b3724007.htm
http://headlines.yahoo.co.jp/hl?a=20020114-00000501-yom-soci
http://www.wired.com/news/technology/0,1282,48892,00.html
http://www.wired.com/news/technology/0,1282,48892-2,00.html

 외

http://www.wired.com/news/culture/0,1284,48574,00.html
http://www.wired.com/news/culture/0,1284,48574-2,00.html
http://www.hotwired.co.jp/news/news/culture/story/20011128203.html
http://www.hotwired.co.jp/news/news/culture/story/20011129207.html
http://www.hani.co.kr/section-009100003/2001/11/009100003200111081937105.html
http://www2.donga.com/docs/magazine/weekly_donga/news217/wd217ff020.html
http://www.zdnet.com/zdnn/stories/news/0,4586,2691692,00.html
http://www.zdnet.co.jp/news/0104/19/e_hal_m.html
http://www.zdnet.co.jp/news/0104/19/e_hal_m2.html

단행본)
　　　　김광희, 2001　　　　『정보가전과 무선인터넷』가림M&A.
　　　　김광희, 2001　　　　『21세기 IT가 세계를 지배한다』가림M&A.
　　　　館曛, 2002『ロボット入門』ちくま新書
　　　　川名雄兒, 2001　　　　『デジタル家電ビジネスのしくみ』明日香出版社.
　　　　梶原一明, 2001　　　　『ロボット・テクノロジーが世界を變える』ビジネス社.
　　　　小林直哉, 2001　　　　『ナノテクノロジー』東洋經濟新報社.

논문 및 잡지)
　　　　김광희, 2001.9　　　　「情報家電에 관한 製品 事例 研究」『협성논총』.
　　　　日本機械工業聯合會・日本ロボット工業會, 2001.5
　　　　　　　　「21世紀におけるロボット社會創 造のための技術戰略調査報告書」.
　　　　Business Week, 2001.3.19
　　　　Nikkei Mechanical, 2001.11, 2002.1
　　　　Bill Joy, 2000.4　　　　「Why the future doesn't need us」『Wired』.
　　　　주간동아, 2000.1.13

신문)
　　　　중앙일보, 조선일보, 한국경제신문 , 동아일보, 매일경제신문, 한겨레신문, 한국일보,

　　　　서울경제, 국민일보, 전자신문,日本經濟新聞, 日經產業新聞

로봇 비즈니스

지은이 : 김 광 희
펴낸이 : 조 헌 성
편집 : 송 안 나
인쇄 : 해외정판사 박 진 호
제본 : 삼광제책사 이 계 수
지업 : 일신지업 하 갑 수
펴낸곳 : (주)미래와경영
등록번호 : 제 16-2128호

제 1판 1쇄 인쇄 2002년 5월 24일
제 1판 1쇄 발행 2002년 5월 31일

값 15,000 원

ISBN 89-89165-21-0   03320

ⓒ 김 광 희, 2002

Copyright ⓒ 2002 by Future&Mangement Co.,Ltd.
942-2 Dogok-dong Gangnam-gu, Seoul, Korea.
All rights reserved. First edition Printed in Korea.

www.FMbook.com

서울시 강남구 도곡동 942-2   Tel : (02)579-3745(대표)   Fax : (02)579-3746   http://www.fnm.co.kr